Water supply and sewerage

新しい
上下水道事業
再構築と産業化

山本哲三・佐藤裕弥
［編著］

はしがき

　今，わが国では蛇口をひねれば当然のように水が出てくる。そして，ほとんどすべての家庭でこの水を，トイレ，洗濯，入浴，あるいは調理および飲料水などに利用している。こうした水がどのようにして運ばれてきたのか，そして，その利用した水がどのようになるかを生活の中で意識することはほとんどであろう。

　このように，水の循環が日常生活の中に無意識に溶け込んでいるのは，わが国の上水道および下水道が高度な水処理技術に基づいたものであり，かつ広く全国に普及していることによるものである。

　現行の上水道は水道利用者が蛇口から出る水道水が健康被害をまったく心配する必要がないほど，安全・安心な水の供給を実現している。下水道についても，し尿や汚物などといった汚水は適切に処理されたうえで河川に放流されている。また，その管路は台風などの豪雨で浸水被害が発生することのないように整備されており，万一の場合であっても被害が最小限度にとどめられるとともに，迅速な復旧が行われるようになっている。

　しかしながら，このようなわが国の上下水道のシステムは世界的にみても，歴史的にユニークな成果であったといえよう。日本ユニセフ協会によれば，「必要な時に，自宅で使用できる，汚染されていない飲み水」，いわゆる「安全に管理された飲み水」を利用できない人は世界で21億人いると報告されており，これは世界人口の約3分の1にあたる。下水道については，その汚水「処理」機能の重要性が認識されたのは，わが国でも比較的近年のことであった。1960年代まではわが国は先進国の中でも際立った下水道後進国であった。だが，70年代に入ると，河川・海洋の汚染などの公害問題の深刻化，景観や漁業などの他の産業に対する負の外部効果の拡大に対処すべく，高度成長の成果である財政力を下水道投資に振り向けていったのである。

　わが国では現在，恵まれた水環境が整備されているが，これは必ずしも恒久不変のものではない。今までの上下水道は，「拡張・建設」といったテーマの

もと，市町村が営む事業として大規模な施設整備を行ってきたことによるものである。そして，多くの国民が上下水道の恩恵を享受している今，この水を「誰が」，「どのように」，「どのような形で」将来にわたって維持していくかが今後の重要な問題となるのである。

　これまでのように，市町村による公的経営によって上下水道事業を維持，運営していくというのが，「公の関与」による公共の福祉の増進という観点からは最も自然な考えであろう。しかし，現在の地方公共団体の直面している状況は，こうした社会的な要請に十分に応えられる状況にあるとは言えない。実際，多くの上下水道事業の現場では技術職員の減少や，拡張・建設の時代に整備した施設の老朽化が進展しているのである。こうした観点で上下水道事業の現段階を捉えると，現在は施設の「再構築の時代」を迎えているといってよく，公的な事業主体にはその更新財源の確保が困難である等，内部環境の変化に対応した事業展開が求められている。主要な経営原資となる水道料金・下水道使用料は，人口減少や節水型生活への移行といった外部環境の変化を受けて，いまや，減少傾向にあるからである。

　また，公的主体が直面する課題はこうした経営上の問題だけではない。多発する地震への対応，気候変動に伴う豪雨の対策などの災害対策が上下水道事業の喫緊な取り組み課題となっている。特にわが国では，平成23（2011）年3月の東日本大震災以降，上下水道施設が「強靱」であることが求められてきているが，その後も平成28（2016）年4月の熊本地震や平成29（2017）年7月の九州北部豪雨など相次ぐ自然災害に見舞われ，災害時における上下水道施設の脆弱性が以前にもまして問題視されているところである。

　以上のように複雑化・深刻化する課題に対応するためには，事業主体の見直しが不可欠である。厳しい財政運営が予想される市町村を事業の担い手とするのではなく，近隣市町村などとの「広域化」による経営単位，すなわち規模の拡大も取り上げ，検討を加えるべきである。さらに，民間事業者などによる上下水道のサービス提供も含め，広く事業の担い手を外に求めていくことも必要な時期に差しかかっていよう。そこではさまざまな課題を細分化して検討することが必要とされるが，官が取り組むのが最も適切な場合もあるであろうし，

民が取り組むことが適切な場合もあろう。あるいは官民が協働して取り組むことが適切である場合もあろう。こういった課題の分析とその役割の配分が「広域化」と「官民連携」にまつわる議論の本質であるといえる。

そこでは，市町村を単位とする地方自治制度の枠組みにおける行政サービスの一部として捉えられてきた従来の上下水道事業を，経済学的な視点による「公営公益事業」という産業の側面に注目して見直すことも有効と考えられる。

もちろんこれまでにも上下水道事業は，公共の福祉の増進とともに，経済性の発揮に努めているものの，現実には予算制約や料金改定における地方議会の過度の関与などの影響を受けて，経済的合理性の追求は限定的であったといえる。この点で公共性と経済性のバランスを見直す時期を迎えている。

こうしたなかで，上下水道の改革は進展しつつある。たとえば，厚生労働省は平成25（2013）年3月に「新水道ビジョン」を，国土交通省は平成26（2014）年7月に「新下水道ビジョン」を策定し，それぞれのビジョンに従って取り組んでいる。制度改革として，すでに下水道法が平成27（2015）年5月に改正されている。また水道法は，平成30（2018）年3月に改正案が閣議決定のうえ国会提出されており，いま法案審議が待たれているところである。

本書はこのような，上下水道が持つ課題，そして上下水道に求められる役割の変遷に着目しながらも，将来にわたっていかにしてその持続可能性を確保すべきか，また，そのなかで官と民の関わり合いはいかにあるべきかを検討したものであり，まさに時代の要請に応えんとしたものである。本書の構成は大きく，3つに分かれる。まず，第1章から第4章までは，上下水道に関する，特に社会科学的な知識・視点を紹介している。次に第5章から第9章までは，第1章から第4章までの観点を踏まえて，現在の官民連携の事例やそのあり方についての議論を深め，展開している。最後，第10章から第15章では，今後の上下水道事業の展開・展望について論じている。

本書は，学生および一般市民向けの教科書として企画されたものであり，将来，日本の上下水道を担っていくことになる若い世代に是非，上下水道事業に興味を持ってほしいとの思いが込められている。その意味で，第1章から第4章は入門レベルの内容で取りまとめている。そこでは，現在の上下水道の概要

と歴史的背景の整理，経済学，会計学による上下水道事業へのアプローチといった具合に，読者が多角的に，立体感をもって上下水道研究にアプローチできるように工夫を施している。

　本書はまた，上下水道に関連する政策立案者や上下水道事業関係者をも読者として想定している。上下水道はこれまでは「いかにして建設・拡張していくのか」が重要な論点をなし，そこでは主として工学的な技術上の問題が優先されていた。しかし，今後はいかに資産を管理するのか（アセットマネジメント，公会計論），リスクを配分するのか（制度設計論），官民の関係をどのように調整するのか（契約理論）といった社会科学的な視点が重要となってくる。本書はこのような社会科学的な視点から編纂してある点でこれまでの上下水道に関する書籍とはその視角をまったく異にしている。

　本書の刊行にあたっては，若手研究者，学識者，および官民双方の政策関連有識者に執筆の協力を仰いでいる。また，本書の研究テーマに理解をしていただき，出版を快諾していただいた中央経済社の納見伸之編集長に感謝の意を表したい。タイトな出版スケジュールのなか，本書の早期刊行に向けて最大限の努力を傾注してくれたことに，お礼を申し述べたい。最後になるが，本書は早稲田大学研究院総合研究機構の中に設立した水循環システム研究所の最初の研究成果である。

　水循環システム研究所は，広く水循環に関する課題解決を目的として，2017年10月に設立されたものである。上下水道に関する行政や企業などの学外組織と連携を進めながら，社会科学的な見地から研究活動を行う大学内の研究所という点で，他に類をみない特色を有している。

　なお，本書の出版にあたり，早稲田大学研究院総合研究機構より出版助成を受けている。ここに機構のご厚意に対し，改めてお礼を申し述べる次第である。

2018年5月

山本哲三・佐藤裕弥

目　次

はしがき　i

第1章　わが国の上下水道システム　　1

1　水　道 ……………………………………………………… 1
2　下水道 ……………………………………………………… 9
3　上下水道の課題と今後 …………………………………… 17

第2章　上下水道の歴史　　21

1　上下水道の制度と径路依存性 …………………………… 21
2　水道制度形成史 …………………………………………… 22
3　下水道制度形成史 ………………………………………… 30

第3章　上下水道事業の経済性　　37

1　はじめに：経済学の分析対象としての上下水道事業 …… 37
2　分析手法の発展 …………………………………………… 39
3　規模の経済性 ……………………………………………… 41
4　範囲の経済性 ……………………………………………… 43
5　先行研究 …………………………………………………… 46
6　おわりに：上下水道政策における経済学的分析の必要性
　　…………………………………………………………… 48

| 第4章 | 上下水道事業の会計制度 | 51 |

1　上下水道事業と地方公営企業会計制度 ……………………… 51
2　公営企業会計制度の概要 ……………………………………… 54
3　公営企業会計の制度改正と新公営企業会計基準の適用 …… 60
4　公営企業会計制度の問題点と今後のあり方 ………………… 64

| 第5章 | 水道のPPP：
群馬東部水道企業団のケーススタディ | 69 |

1　はじめに：分析手法と対象の選定 …………………………… 69
2　水道事業の課題と官民連携 …………………………………… 69
3　群馬東部水道企業団の事例 …………………………………… 73
4　おわりに：PPPの普及に向けて ……………………………… 82

| 第6章 | 下水道のコンセッション：
浜松市のケーススタディ | 85 |

1　はじめに：日本初の「下水道コンセッション」………………… 85
2　下水道事業における官民連携手法 …………………………… 85
3　下水道事業におけるコンセッション ………………………… 87
4　浜松市におけるコンセッション導入 ………………………… 92
5　今後の下水道コンセッションの普及拡大に向けて ………… 97
6　コンセッションと下水道事業の経営戦略 …………………… 98

| 第7章 | 水道コンセッションの国際状況：
わが国への教訓 | 101 |

1　はじめに：もう1つの民営化 ………………………………… 101
2　コンセッション契約 …………………………………………… 106

3　リスク評価と紛争解決機構 …………………………………… 111
　　4　OECDチェックリストと再公営化 ……………………………… 116
　　5　おわりに：水道改革の2大ポイント …………………………… 119

第8章　上下水道事業とファイナンス　　123

　　1　はじめに：進化が求められるファイナンス ………………… 123
　　2　日本の水道事業ファイナンス ………………………………… 123
　　3　グローバル市場におけるインフラファイナンスと
　　　　インフラファンド ……………………………………………… 127
　　4　民間企業による水道事業への投資事例：
　　　　マニラウォーターの躍進 ……………………………………… 135

第9章　選定事業者の経営戦略　　141

　　1　はじめに：ニッポン流水道事業の再構築に向けて ………… 141
　　2　PFIとしての水道事業 ………………………………………… 141
　　3　水道事業の特徴 ………………………………………………… 143
　　4　選定事業者としての経営戦略 ………………………………… 147
　　5　おわりに：地元企業としての水道事業を目指して ………… 152

第10章　上下水道事業の国際展開　　155

　　1　上下水道事業の国際展開 ……………………………………… 155
　　2　下水道事業の国際展開 ………………………………………… 162
　　3　事　例 …………………………………………………………… 172
　　4　下水道事業の国際展開に必要なこと ………………………… 177

第11章　下水道資源のイノベーション　179

1　はじめに：イノベーションとは ……………………………… 179
2　下水道資源の「食」への利用 ………………………………… 180
3　下水道水質情報を基にした感染症予防への取り組み …… 186
4　イノベーション普及理論から佐賀市成功の秘密を分析 …… 187
5　おわりに：さらなるイノベーションに向けて ……………… 193

第12章　下水熱エネルギーの利活用：実装例の技術的視点　195

1　はじめに：下水熱利用への期待 ……………………………… 195
2　下水道のエネルギー利用に係る代表的事例 ………………… 196
3　発電による排熱回収：
　　汚泥焼却設備からの排熱を適用した発電 ………………… 201
4　おわりに：下水熱利用のためのキーとなる技術は ………… 203
　　補　遺 …………………………………………………………… 204

第13章　水道事業の広域化戦略　207

1　これまでの水道広域化 ………………………………………… 207
2　水道ビジョン …………………………………………………… 210
3　新水道ビジョン ………………………………………………… 215
4　国民生活を支える水道事業の基盤強化等に向けて講ずべき
　　施策について …………………………………………………… 217
5　制度改正に向けた取り組み …………………………………… 220
6　その他の取り組み ……………………………………………… 222
7　おわりに：今後の水道の基盤の強化に向けて ……………… 224

第14章　上下水道事業の法制度改革動向　225

1　はじめに：持続的な事業経営に向けた取り組み………… 225
2　上水道事業 ……………………………………………………… 225
3　下水道事業 ……………………………………………………… 236

第15章　新たな下水道事業の展開　239

1　下水道の制度改革の経緯 ……………………………………… 239
2　下水道法等の改正とその意義 ………………………………… 240
3　新下水道ビジョン加速戦略の策定 …………………………… 244
4　加速すべき重点項目 …………………………………………… 245
5　重点項目のスパイラルアップ ………………………………… 250
6　おわりに：成長から多様化へ ………………………………… 252

索　引　253

第1章
わが国の上下水道システム

1 水　道

　日本の水道[1]は，平成28（2016）年3月末時点で上水道事業1,381カ所（**図表1－1**①），水道用水供給事業92カ所（同）のほか，簡易水道事業，専用水道を合わせると1万5,310カ所あり，日本の総人口約1億2,700万人のうち水道の普及率は97.9%[2]である。

　また，1年間に給水する水道水の量は151億㎥／年であり，1人1日当たりに換算すると約320ℓである。

　日本の水道は，昭和50年代に普及率90%に達した後も微増を続け高普及率を達成し，年間を通じて安定的に水道水を供給している。

1.1　水道法に規定される水道

　日本の水道は水道法により規定されており，水道を「導管及びその他の工作物により，水を人の飲用に適する水として供給する施設の総体をいう」とし，水道の種類は，水道用水供給事業，上水道事業，簡易水道事業，専用水道[3]，簡易専用水道[4]がある。また，水道事業は，一般の需要に応じて，水道により水を供給する事業（給水人口が100人以下である水道によるものを除く）である。

　ここで，水道用水供給事業とは，水道事業者に用水を供給する事業をいい，上水道事業は計画給水人口5,000人を超える水道事業，簡易水道事業は5,000人以下の水道事業のことをいう。なお，簡易水道事業の簡易の意味は，施設が簡易ということではなく計画給水人口の規模が小さいものを規定したものである。

図表１−１ 水道関連データ（水道種別，水道料金，水源・浄水方式）

①水道の種類

②給水人口規模別の水道料金（家庭用20m³/月）

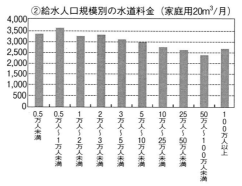

③水道水源の種類と取水量内訳

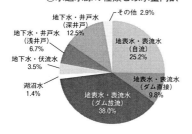

④上水道事業の経営主体

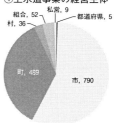

⑤料金範囲（家庭用20m³/月）別水道箇所数

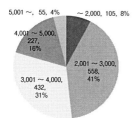

⑥浄水処理方法と内訳

（出所）平成27年度水道統計（公益社団法人日本水道協会）をもとに筆者作成。

1.1.1　水道法の目的

　水道法第1条では,「水道を計画的に整備し,及び水道事業を保護育成することによつて,清浄にして豊富低廉な水の供給を図り,もつて公衆衛生の向上と生活環境の改善とに寄与する」とあり,"清浄にして豊富低廉"は水道の使命となっている。

1.1.2　水道経営

　水道法第6条では,「水道事業を経営しようとする者は,厚生労働大臣の認可を受け」ることが規定され,また同条2項で「水道事業は,原則として市町村が経営するもの」とされている。なお,「市町村以外の者は,給水しようとする区域をその区域に含む市町村の同意を得た場合に限り,水道事業を経営することができる」となっている。つまり,日本の水道は法律上,一定の手続きを踏むことで,「民間資金等の活用による公共施設等の整備等の促進に関する法律」(いわゆるPFI法)に規定される公共施設等運営権(いわゆるコンセッション)や民営水道を妨げないものとなっている。

1.1.3　水道の経営主体

　先に述べたように,水道の種類は,水道用水供給事業,上水道事業,簡易水道事業,専用水道に分けられる。人口割合では,上水道事業から給水される人口が総人口の94%以上を占めている。また,その経営主体を見ると,組合営(企業団や広域連合など一部事務組合といわれる団体)を含めて,99%以上が地方公共団体等の公共主体が担っている(**図表1－1④**)。

1.2　清浄で豊富な水道

　水道法に規定される"清浄にして豊富低廉"とは,質(清浄),量(豊富),対価(低廉)を意味し,水道の3原則といわれている。これは水道が目標とするものであり,時代に応じて社会的要請は変化し,その時々において,この3原則の意味することを考えなければならないものである。

1.2.1　清浄とは

　"清浄"に対する基準は,同法第4条(水質基準)に規定され,具体的な基

準値は厚生労働省令「水質基準に関する省令」に示されている。また，その基準に適合させるために同法第5条4項で浄水施設は，「水質基準に適合する必要量の浄水を得るのに必要な沈澱池，ろ過池その他の設備を有し，かつ，消毒設備を備えていること」を規定している。

水質基準は，技術的な進歩により，検査精度がより精緻化され，また水道水に含まれる物質の人体への影響（発癌リスク等）が解明される等により，対象とすべき項目や基準は変化する。したがって，水道法のいう"清浄"は，単に水質基準を満たしていることのみを求めているものではないが，その時代において最低限守るべき値と考えることができる。

なお，この水質上の要件は，「水道により供給される水」に対する規定であり，同法第3条に規定する「水道」（導管及びその他の工作物により，水を人の飲用に適する水として供給する施設の総体）に直結された給水栓等（いわゆる蛇口）を出るときの水に対するものである。

1.2.2　豊富とは

"豊富"に対する基準は，水道法では，「取水施設は，できるだけ良質の原水を必要量取り入れることができるものであること」，「配水施設は，必要量の浄水を一定以上の圧力で連続して供給するのに必要な配水池，ポンプ，配水管その他の設備を有すること」等で規定している。また，厚生労働省令「水道施設の技術的基準を定める省令」においては，具体的に，「配水管から給水管に分岐する箇所での配水管の最小動水圧が百五十キロパスカルを下らないこと」，「消火栓の使用時においては，配水管内が正圧に保たれていること」，「配水管から給水管に分岐する箇所での配水管の最大静水圧が七百四十キロパスカルを超えないこと」等の規定がある。

なお，150キロパスカル（kPa）は，概ね水を15mの高さまで押し上げる力である。

1.3　低廉な水道

水道の3原則である"清浄にして豊富低廉"のうちの最後の"低廉"とは，今の時代の要請として捉えたときの意味はいかなるものだろうか。

1.3.1　低　廉

　水道料金（ここでは，家庭用1カ月20㎥使用時の料金）を上水道の給水人口規模別にその平均値を比較したものが**図表1－1**②のグラフである。若干の例外はあるが，概ね給水人口規模が小さいほど水道料金は高い傾向がみてとれる。また，給水人口規模のグループの平均値ではあるが，そのグループ間で最大と最小では1.5倍の違いがある。また，2千円以下の水道は105箇所（上水道事業の占める割合8％）あるが，一方，その2倍を超える4千円以上の水道は282カ所（同20％）ある（**図表1－1**⑤）。

1.3.2　水道料金

　水道料金は同法第14条（供給規程）において，「料金が，能率的な経営の下における適正な原価に照らし公正妥当なものであること」，「料金が，定率又は定額をもって明確に定められていること」と規定されている。

　また，地方公営企業法第21条（料金）では，料金を徴収することができるとした上で，その料金は，「公正妥当なものでなければならず，かつ，能率的な経営の下における適正な原価を基礎とし，地方公営企業の健全な運営を確保することができるものでなければならない」とされている。

　水道の種類で言うと，水道用水供給事業と上水道事業は，地方公営企業法に規定される地方公営企業となり，料金収入をもって事業を経営することができるとともに，公共性をもって事業を継続することが求められる。もっとも，地方公営企業の適用を受けない簡易水道事業や専用水道を含め水道に求められる「清浄にして豊富低廉な水の供給を図り，もつて公衆衛生の向上と生活環境の改善とに寄与する」という水道の使命が変わることはない。

1.3.3　今の時代の低廉とは

　それでは，今の時代の低廉とはどういうことであろうか。次項で示すように，水道システムは地域により異なり，その条件の下で適正な料金設定で水道事業を経営すると水道料金に差が生じていることがわかる。さらに，水道はライフラインと呼ばれ，公衆衛生の向上と生活環境の改善に寄与することはもちろんであるが，生命維持のための水を供給するものである。飲料水としては，ミネラルウォーターやウォーターサーバー（宅配水）等による方法もあるが，清浄

にして豊富（量はもちろん，一定以上の圧力を有する），かつ低廉（たとえば，月3,000円で20㎥＝2万ℓ）な水は水道水でのみ得られるものである。

　つまり，それぞれの地域の水道は，24時間365日不断のシステムを料金収入により維持していくことが必要であり，水道の低廉とは，このことにほかならないのではないだろうか。平成29（2017）年の第193回国会に提出された水道法の一部を改正する法律案（廃棄後，平成30年第196回国会に再提出）では，水道法第1条の目的の「水道を計画的に整備し，及び水道事業を保護育成する」を「水道の基盤を強化する」としており，水道事業の自立的な継続を要請したものと考えられる。

1.4　日本の水道システムの概観

　水道は，河川・ダムや地下水等の水源から各家庭の蛇口にいたるまでに，原水を飲用水に浄化するための浄水機能，原水や処理された水道水を輸送する機能，それらが適切に機能するための監視制御する機能等で構成され，これらの一連の機能を包括して水道システムと呼ぶことが多い。

　ここでは，水道システムを構成する主なものを概観する。なお，水道は，水源により水質は異なり，また地形に応じてエネルギーを効率的に活用する等合理的な施設配置を行うため，地域により固有の水道システムが構築され一律的なものにはならないが，ここでは国内水道の全般的なイメージと比較的一般的と思われる姿を概観することにする（**図表1−2**）。

　水道システムにおいて，水道の種類で紹介した水道用水供給事業は，水源，導水管，浄水場，送水管を有して，上水道や簡易水道等の水道事業の配水池まで浄水（水道用水）を供給する機能を担う水道と位置付けられる。

1.4.1　水　源

　水源は水道水の原料である。日本の水道の水源は，表流水や地下水で賄われており，このうち河川自流，ダム水，湖沼水を合わせた地表水で約4分の3を占めている（**図表1−1③**）。

　水源は，地域や自然環境により質および量に特性があり，安定的に確保できない場合には，水資源の開発（ダム等）を行う必要がある。また，表流水や伏流水には水利権が設定されており，農業用水，工業用水，水道用水等に使用す

図表1-2 水道システムのイメージ

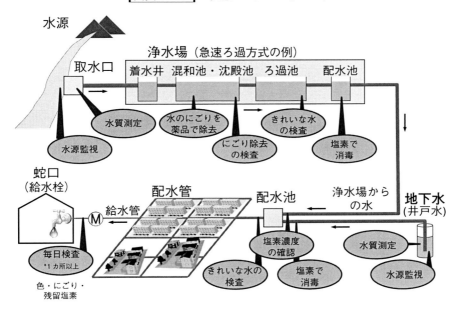

主な水質基準項目と基準値

項目	基準
一般細菌	1mlの検水で形成される集落数が100以下
大腸菌	検出されないこと
カドミウム及びその化合物	カドミウムの量に関して、0.003mg/l以下
水銀及びその化合物	水銀の量に関して、0.0005mg/l以下
鉛及びその化合物	鉛の量に関して、0.01mg/l以下
ヒ素及びその化合物	ヒ素の量に関して、0.01mg/l以下
トリクロロエチレン	0.01mg/l以下
総トリハロメタン	0.1mg/l以下
鉄及びその化合物	鉄の量に関して、0.3mg/l以下
カルシウム，マグネシウム等（硬度）	300mg/l以下
pH値	5.8以上8.6以下
味	異常でないこと
臭気	異常でないこと
色度	5度以下
濁度	2度以下

(出所) 水道PRパッケージ（公益社団法人日本水道協会）。

る権利が与えられる。さらに，地下水は，地盤沈下対策としての規制対象地域もある。

1.4.2 浄水場

　浄水場は，水質変換を担う機能を有し，原水を飲用水としての水道水に変換する工場である。

　水源が地下水の場合には，塩素による消毒のみの処理も可能であるが，水源の約4分の3を占める表流水は，濁りを除去する必要があり，多くの浄水場では，ろ過を行っている（**図表1－1⑥**）。原水の水質状況に応じて，各種の処理プロセスを組み合わせた浄水処理方式を採用し，その中で適切なろ過方式が選定されている。ろ過方式には，従来から用いられている砂面に微生物の膜をつくり溶解性物質等を捕捉・酸化分解して浄化する緩速ろ過，砂や砂利の層で薬品によって凝集させた懸濁物質を捕捉して浄化する急速ろ過があるが，近年は膜を用いたろ過も増加しつつある。膜ろ過は除去する物質の大きさよりも小さな網目の膜を用いることで確実に除去することが可能である。たとえば，通常水道で使用する程度では塩素により消毒できない感染症を引き起こす病原微生物であるクリプトスポリジウム等を除去することが可能である。

1.4.3 配水池と管路

　配水池は，浄水場で処理された水道水を貯留し，水道の利用者に所定の圧力で必要な量を供給するための施設である。また，1日の使用量は浄水場において概ね均等に処理され配水池に送られるが，1日の中でも時間帯によって水道水の需要は変動するため，配水池では池内水位の変動により需要と供給のバランスを吸収している。さらに，事故時や災害時の非常用給水として一定量を常に貯留しておく機能もある。

　総有効容量は，3,555万㎥を有している。これは，1日の平均給水量に対して20時間を超える量である。

　水道施設の管路は，源から蛇口にいたるまでの機能に応じて，導水管（水源〜浄水場：原水），送水管（浄水場〜配水池：浄水），配水管（配水池〜検針メーター（需要者の給水装置手前）：浄水），給水管（検針メーター〜蛇口：浄水）に分かれている。

管路の延長は，導水管11,107km，送水管32,495km，配水管616,560kmで，総延長660,162kmである。なお，給水管は，検針メーター以降の設備であり，需要者が所有するものである。

1.4.4　運転管理・維持管理

水道をシステムとして機能させるためには，運転管理や維持管理に人が関与することが必要である。以前と比較すると，さまざまな面でOA化，IT利用が進んでいるが，少なからず人の関与は必要であり重要である。さらに，故障や事故あるいは災害時には，人の判断や支援が必要であることはいうまでもないことである。

1.4.5　経　営

継続的に水道事業を運営するためには，水道事業を経営するという視点が重要である。各種施設で構成される水道を人が管理し，さらに水道事業として継続させるための経営を行うことが，水道がシステムとして機能し「清浄にして豊富低廉」な水を供給できるということである。

2　下水道

日本の下水道処理人口普及率は，平成28（2016）年3月末時点で約8割，管渠延長は約47万km，下水処理施設は約2,200カ所に達している。また，下水道による都市浸水対策達成率は約6割となっている。

下水道は，汚水の排除や浸水の防除，閉鎖性水域等の公共用水域の水質保全といった，基本的な役割に加え，処理水や汚泥等の資源，下水道施設等の資産を活用した循環型社会への貢献等の役割も担っている。さらに，下水道を起点として，地域活力を向上させるイノベーション事業等の創造にも期待されている。このように，下水道の役割は多岐にわたっており，社会全体に大きなインパクトを与えるインフラである（**図表1－3**）。

2.1　下水道法に規定される下水道

下水道は下水道法に規定されており，「下水（汚水，雨水）を排除するため

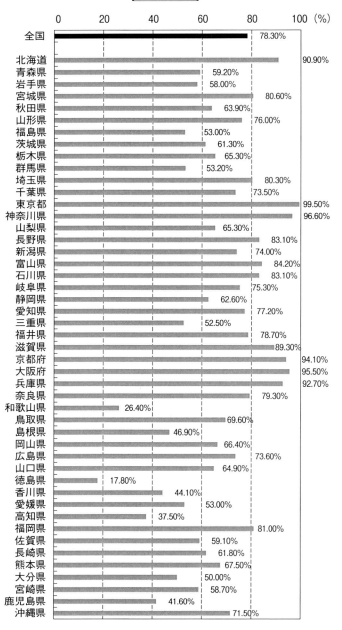

図表1-3　都道府県別 下水道処理人口普及率

（平成27年度末）および下水道の役割

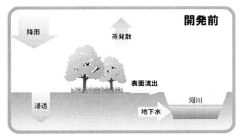

市街化が進む前は，降った雨の多くが地中へいったん浸透し，その後，木の葉や地表面から蒸発したり，長い時間をかけて川や泉に湧き出したりしていたため，地表から川に流れ込む表面流出量は抑えられていました。

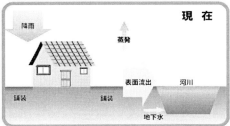

市街化が進むと，屋根や舗装など，雨が浸透しにくい場所が増え，短時間に地表から下水道等を経由して川に流れ込む表面流出量が増加し，水害が発生しやすくなります。
　また，地中に浸透する水の量が減るため，晴れた日が続くと川の流量が減ったり，湧き水が涸れたりすることが多くなります。

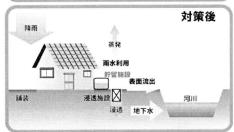

雨水貯留浸透施設による対策を進めると，降雨時の表面流出量を抑制し水害の防止につながります。
　地中に浸透する水の量が増えるため，晴れた日が続いても川の流量が減ったり湧き水が涸れたりすることが少なくなります。
　貯留した雨水は水まき，洗車等に有効利用できます。

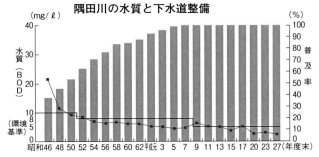

(注1)「隅田川の水質と下水道整備」のグラフ中，普及率（棒グラフ）は隅田川流域（板橋，北，練馬区）の普及率。
(注2) 同じく，水質（折れ線グラフ）は小台橋地点の年間のBODの値（75％水質値）。なお，BODとはBiochemical Oxygen Demand：生物化学的酸素要求量。
(出所) 国土交通省および東京都下水道局ホームページをもとに筆者作成。

に設けられる排水施設，これに接続する処理施設又はこれらの施設を補完するポンプ施設その他の施設の総体」(下水道法第2条の2)である。ここでは，下水道法の目的，下水道の種類(下水道法上とそれ以外)について述べる。

2.1.1 下水道法の目的

下水道法第1条では，「この法律は，下水道の設置その他の管理の基準等を定めて，下水道の整備を図り，都市の健全な発展及び公衆衛生の向上に寄与し，公共用水域の水質保全に資することを目的とする」とある。これより，下水道の役割は「①生活環境の改善(汚水の排除・処理)」「②浸水の防除(雨水の排除)」「③公共用水域の水質の保全」と解釈することができる(**図表1－3**)。

2.1.2 下水道の種類

下水道は，下水道法で規定される下水道と，下水道法以外で規定される下水道類施設に大別される。

下水道法上の下水道は，国土交通省が所管する公共下水道，流域下水道，都市下水路の3種類に分けられる。下水道法以外の下水道類似施設は，農林水産省が所管する農業集落排水施設等，環境省が所管するコミュニティプラントや個別浄化槽等に分けられる。

2.2 下水道の役割

ここでは，2.1.1項で述べた3つの役割について述べる。

2.2.1 生活環境の改善(汚水の排除・処理)

下水道は，家庭や生産活動により排出される汚水を速やかに排除・処理し，健康で快適な生活を確保する役割を有している。

また，下水道が整備されることにより，トイレが水洗化することができ，衛生的で快適な生活を送ることができる。

2.2.2 浸水の防除(雨水の排除)

下水道の重要な役割の1つとして，雨水を速やかに排除して，住民の生命，財産，都市機能等を守ることも挙げられる。近年，次のような理由により，都

市部での浸水が増加し，大きな課題となっている。1つ目は，市街化の進展に伴い，雨水の地下への浸透量や，地表面等での貯留量が減少し，雨水流出量が著しく増加している。2つ目は，気候変動やヒートアイランド現象等により，局所的・短時間に，下水道の雨水排除能力を超える単位時間当たり降雨量が多い集中豪雨が多発している。

2.2.3　公共用水域の水質の保全

高度経済成長に伴い，河川，湖沼，海域等の公共用水域の水質悪化が社会問題となり，昭和45（1970）年に水質汚濁防止法が成立し，下水道法が改正された。これにより，水質を保全するという，下水道の大きな役割が追加された。下水道システムは，汚水を管路施設で処理施設へ集水し，適切に処理することにより，公共用水域をはじめとした水環境の保全に寄与している。

2.3　日本の下水道システムの概要

先述のとおり，下水道には汚水と雨水を排除する役割があり，これらの排除方法には合流式と分流式がある。

合流式は，汚水と雨水を同じ管路施設で収集するシステムであり，分流式は，それぞれ別の管路施設で収集するものである。合流式下水道は，古くから下水道整備を行ってきた大都市で多く採用されており，主なメリットは整備と効果発現が早く，建設費が比較的安価である。一方，主なデメリットは，一定規模の降雨があった場合，未処理の下水が公共用水域に放流されることである。

分流式下水道は，水質汚濁防止法成立後，整備が進められるようになり，その後「下水道施設設計指針と解説」で，採用を基本とすることが示された。分流式下水道の主なメリット，デメリットは，合流式下水道のほぼ逆の関係である。

ここでは，分流式下水道（汚水）のシステムについて取り上げ，当システムを構成する，排水設備，管路施設，ポンプ施設，処理施設について述べる（**図表1－4**）。

2.3.1　排水設備

排水設備とは，土地や建物の敷地内に設置される宅地ます，排水管，その他

図表1－4 下水道システムおよび財源の仕組み

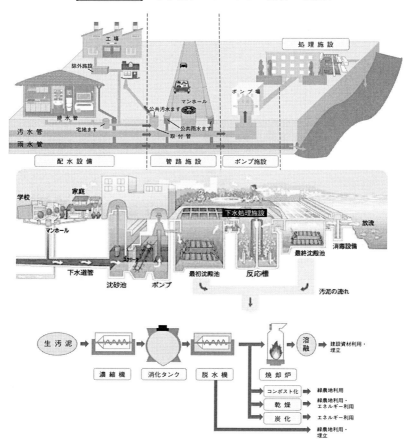

種類	建設改良費	管理運営費	
		資本費	維持管理費
公共下水道および特定環境保全公共下水道（特別会計）	・国費 　（交付金（交付率：主要な管渠等：1/2，処理場：5.5/10）） ・地方債　・地方債（充当率100%） 　　　　　・受益者負担金 　　　　　・都道府県補助金	・下水道使用料 　（汚水分） ・一般会計繰出金	・下水道使用料 　（汚水分） ・一般会計繰出金

（出所）公益社団法人日本下水道協会ホームページをもとに筆者作成。

付帯設備のことをいう。これらの設備により，敷地内のトイレ，台所，風呂場，洗面所等の汚水を，衛生的に下水道に流入させる。公共下水道等は，原則，地方公共団体が公費で公道に整備するが，排水設備は，原則，土地所有者や管理者が私費で敷地内に設置，維持管理する。

2.3.2　管路施設

管路施設とは，下水管渠と，下水を清掃や点検ができるように設けられる公共汚水ます，取り付け管，マンホール等一体的な施設のことをいう。

下水道の集水システムは，水道のような圧送システムとは異なり，自然流下を基本として，家庭等の下水を管路施設により処理施設まで集水している。

2.3.3　ポンプ施設

ポンプ施設は，自然流下が基本の下水道集水システムにおいて，埋設深が大きくなり，管路施設の整備費用が大きくなる場合に揚水し，それ以降の管路施設を浅く埋設するために設けられる。また，河川等を横断する際や，地形的に高地へ集水する際，圧送するために設けられる。これらポンプ施設は，小規模（3 ㎥/分）なマンホール内に設置されるポンプ施設（管路施設の位置付け）とは異なり，集水システム上，基幹的施設として位置付けられる。

2.3.4　処理施設（水処理）

排水設備，管路施設，地形状況によってはポンプ施設を経由した下水は，処理施設に集水され，物理的・生物的に処理された後，公共用水域に放流される。水処理は，大きく最初沈殿池，反応タンク，最終沈殿池，消毒のプロセスにより行われる。

最初沈殿池は，深さ2.5～4 mの池に，約1.5時間かけて下水を流下させ，下水中の比重の大きなSS（浮遊物質）を物理的に除去（BOD30～50％除去）する施設である。

反応タンクでは，好気性微生物等を利用して下水中の有機物等を除去（BOD90～95％除去）する最も重要な施設である。好気性生物処理は，大きく以下の3方法に大別され，浮遊生物法が最も一般的で，多くの採用実績がある。

①微生物を水中に浮遊させた状態で用いる浮遊生物法（標準活性汚泥法，オキシデーションディッチ法　等）
②微生物を炉材や板に付着させた状態で利用する生物膜法（好気性瀘床法，接触酸化法　等）
③浮遊生物法に微生物を固定した流動担体等を投入して処理する担体利用処理法（担体利用処理法）

最終沈殿池は，最初沈殿池とほぼ同じ構造の池で，約4時間かけて沈降させ，好気性生物処理によって発生する比重の小さい汚泥（微生物フロック）と処理水を沈降分離する施設である。

消毒施設は，処理水を公共用水域に放流する前に，水質汚濁防止法で定められた大腸菌群数3,000個/cm²以下に消毒する施設である。消毒は，塩素剤が一般的であるが，放流先公共用水域の環境状況等を考慮して，紫外線やオゾンも採用されている。

2.3.5　処理施設（汚泥処理）

水処理の過程で発生した汚泥（流入下水量の1～2％）は，水分量と固形物の減量，質の安定化の処理がされ，適切に最終処分される。下水汚泥の中にはさまざまな有機物等の資源が含まれており，最終処分された汚泥そのものを有効利用し，処理の過程で発生するエネルギー等も有効活用されている。

汚泥の基本的な処理プロセスは，濃縮と脱水である。濃縮工程では，含水率98～99％の生汚泥を，重力や機械により含水率96～98％程度に濃縮する。その後の脱水工程では，濃縮汚泥を主に機械により，含水率約80％程度まで脱水する。この2工程により，汚泥の容量は5分の1～10分の1程度に減量され，取り扱いが容易になる。基本プロセスはこの2工程であるが，他にも各個別処理工程があり，さらなる減量化，安定化を図ることができる。以下に示すような工程は，汚泥量・性状，再利用・処分形態，周辺環境，建設・維持管理費等を総合的に考慮して，採用されている。

①消化工程：濃縮と脱水の間で行う工程。嫌気性と好気性がある。嫌気性消化は，汚泥の有機物をメタンに発酵させ，減量化，安定化（無害化）する。

メタンガスは回収し，エネルギーとして有効活用できる。
②乾燥工程：脱水後に行う工程。緑農地やエネルギー等として有効利用できる。
③焼却工程：脱水後に行う工程。脱水ケーキを燃焼し，有機物を分解して無機物とする。セメント等の建設資材等として有効活用できる。
④溶融工程：脱水後，あるいは乾燥や焼却後に行う工程。高温で燃焼溶融させ，冷却して有機物のない安定したスラグ（固形物）にする。大幅に減量化ができる。路盤材やタイル等の建設資材等として有効活用できる。

2.4　下水道事業の経営

下水道事業の経営について，経費負担と財源構成の基本的な考え方について述べる。

2.4.1　経費負担に関する基本的な考え方

下水道事業は，地方財政法上の公営企業とされており，その事業に伴う収入によってその経費を賄い，自立性をもって事業を継続していく独立採算制の原則が適用されている。

下水道事業に係る経費の負担区分については，雨水排除施設については公費で負担し，汚水の排除・処理施設については利用者が負担する，「雨水公費，汚水私費」が原則とされている。この原則を基本とした財政措置が講じられてきている。

2.4.2　財源構成の基本的な考え方

下水道事業の財源は，新増設（設置）または改築に係る建設改良費については，国費地方債，受益者負担金，都道府県補助金，市町村建設負担金等により賄われている。また，管理運営費については，下水道使用量および一般会計繰出金等により賄われている。

3　上下水道の課題と今後

上下水道の多くが地方公営企業として運営されているが，現在あるいは近い

将来に直面するであろう課題について，いわゆる経営資源としてのヒト，モノ，カネの面から見てみる。

3.1 ヒト

上下水道を担う職員の確保，技術継承が課題となる。平成7（1995）年の阪神淡路大震災時に全国の水道事業に携わる多くの職員が被災地域の応援に駆けつけたが，この時の全国の上水道事業に携わる技術職員数は約26.2千人，平成22年東日本大震災時には2割減の21.2千人で，平成27（2015）年ではさらに減少して20.5千人である。下水道職員も同様に，平成9（1997）年のピーク以降減少をたどっている。

3.2 モノ

現在の水道法が昭和32（1957）年に制定された後，高度経済成長時に整備された水道により普及率は上昇した（昭和30（1955）年36.0％⇒昭和50（1975）年87.6％）。当時の施設や管路，耐用年数の比較的短い機械電気設備についても更新されていないものもあり，老朽化が課題となる。水道は昭和40年代と平成8（1996）年頃に投資のピークがあり，下水道は昭和50年代以降平成10（1998）年頃まで投資額の増加が続いていたため，今後老朽化が急激に増加することが予想される。

3.3 カネ

少子高齢化に伴う人口減少社会の到来，限られた水資源の使用に対する節水意識の醸成等により水道水使用量は減少しており，結果として水道料金の減収につながっている。下水道使用料金についても，多くが水道使用量に応じて徴収されるため同様の傾向である。このため，今後，地域の上下水道システムを維持するための費用の確保が課題となる。

3.4 これからの取り組み

これらの課題に対して，上下水道は，さまざまな事業運営面からの取組みが必要である。上下水道は，広域化，公民連携，経営資源の活用などが必要である。

たとえば，下水道を起点とした地域活力向上の取り組みも始まっている。

> **注**

1) 本書では水道法に規定される101人以上の水道（ただし，簡易専用水道を除く）のこととする。
2) 東日本大震災および福島第一原子力発電所事故の影響で一部市町村の給水人口データが欠損。
3) 寄宿舎，社宅，療養所等における自家用の水道その他水道事業の用に供する水道以外の水道で，100人を超える者にその居住に必要な水を供給するもの，もしくはその水道施設の1日最大給水量が$20m^3$を超えるものをいう。ただし，他の水道から供給を受ける水のみを水源とし，かつ，その水道施設のうち地中または地表に施設されている口径25mm以上の導管の全長が1,500m以下で水槽の有効容量の合計が$100m^3$以下の水道は除かれる。
4) 水道事業の用に供する水道および専用水道以外の水道であって，水道事業の用に供する水道から供給を受ける水のみを水源とするものをいう。ただし，水道事業の用に供する水道から水の供給を受けるために設けられた水槽の有効容量の合計が$10m^3$以下のものは除かれる。

第 2 章
上下水道の歴史

1　上下水道の制度と径路依存性

　制度が重要である。そして制度は，径路依存性すなわち歴史的な経路に依存する傾向があることから，現在の制度を理解するとともに，将来の適正な制度改革を考える上で制度史が重要な着眼点となる。そこで以下では，水道および下水道の歴史について説明する。

　平成29（2017）年に水道コンセッション（公共施設等運営権）を水道法上の規定に盛り込んだ法案が国会に提出されることとなり[1]，水道の経営主体をめぐり「公営」対「民営」の論争が起きた。この法案は国会解散に伴い廃案とされたが，平成30（2018）年3月9日に再度閣議決定され，第196回通常国会にあらためて水道法改正法案が上程された。ところがこのような「公営」対「民営」論争は，近代水道誕生時点，すなわち130年以上前の水道の法制化の過程で，大きな論争が行われていたことはあまり知られていない。

　現在，水道は水道法，下水道は下水道法によって社会的規制と経済的規制が行われている。社会的規制とは消費者の安全，健康，衛生等の確保を目的として行われる規制であり，水道や下水道の場合には水質の規制などがこれにあたる。経済的規制とは，経営主体としての参入・退出規制や料金規制などに代表されるように市場の自由競争を制限する規制をいう。

　経済学的な見地からは経済的規制の研究が重要となるが，そこでは制度が重要となることから，本章では水道および下水道の現在的な問題を考える上で必要となる制度史の観点から論じることとする。

2 水道制度形成史

2.1 近代水道の誕生と水道制度

　日本の近代水道は，明治20（1887）年に誕生した横浜水道がはじまりとされる。ここでいう近代水道とは，鉄管等を用いて圧力をかけて水を供給する水道施設を指す。もちろんそれ以前にも水道は存在したものの，それらは石樋，石管，木樋，木管等によるものであり，圧力をかけて水を供給することはできないものであった。

　「水道」の名前ではじめて布設されたのは，天正18（1590）年と考えられており，徳川家康が江戸に水道の建設を命じている。この水道は，後に神田上水のもととなったと考えられている。しかしながら，これらは単に湧水，川水等を自然流下で導水し，ろ過等の特別な処理も行っていなかったこと，また，外部からの汚染に対応できないことから，衛生面で問題を抱えたものであった。

　安政元年（1854年），ペリーの2度目の来航の折，日米和親条約が調印され，日本の鎖国時代は幕を閉じ，開国の時代を迎えることとなった。この開国により，もともと日本にはみられない疫病，すなわちコレラが商船の船員等によって日本に持ち込まれた。明治10（1877）年以来，コレラの流行は何度か繰り返されたが，たとえば明治15（1882）年には横浜から発生して全国に広がることとなった。内務省「衛生局年報」によれば，明治19（1886）年のコレラの患者数は15万5,923人，死亡者は10万8,405人であったとされる（水道制度百年史編集委員会［1990］5頁）。

　このほか，海外から侵入したものではないが，赤痢，腸チフスも毎年多くの患者を出していたが，いずれもコレラと同様，不衛生な飲み水に起因する水系伝染病であり，伝染病予防対策として衛生的な飲料水を供給しうる水道の整備が必要とされた。ここにろ過等の浄水処理を加えた水を鉄管によって一定以上の圧力をもって給水し，外部から汚染される恐れのない水道，すなわちイギリス式の近代水道の布設が必要であるとの認識が広がり，衛生工事が必要とされるに至ったものである。

2.2　衛生工事としての水道と下水道

　コレラの予防を図る衛生工事は，上水の供給，下水の排除を骨子として病毒を他に繁殖させないようにし，その水を汚染させないようにすることにある。しかしながら，衛生工事は莫大な資金を必要とすることから，全国一斉に施工することは困難である。そこで当時，最も人口稠密であり，衛生の緊急性の高い都市部の整備を優先することとされた。

　衛生工事においては，上水の供給と下水の排除の双方の必要性が認められたが，両者の軽重に差はない。しかしながら，両者を一斉に着手することは費用が莫大であることから実際上行うことができない。そこで上水工事を第1とし，次に下水の排除を着手の順序とすることとされたのである。

　つまり，上水と下水の整備の順番の決定は，資金すなわち財政制約上の問題から判断されたものといえる。

2.3　近代水道の誕生と市町村公営原則

　水道は地方自治と密接な関係にあるが，日本の近代的地方自治制度の確立は，市町村に独立の法人格を認め，公共事務・委任事務を処理するものとし，条例・規則の制定権を付与した明治21（1888）年の市制町村制の制定に始まる。さらに地方公共団体としての府県・郡について規定した明治23（1890）年の府県制，郡制の制定により始まった。

　このような地方自治制度の確立に先立って，水系伝染病予防として日本の主要都市に近代水道を布設するにあたり，明治23（1890）年に水道条例が制定された。すなわち「水道ハ市町村其公費ヲ以テスルニ非サレハ之ヲ布設スルコトヲ得ス」と規定され，ここに日本は水道が公営によって営まれる制度がスタートしたのである。これは「市町村公営限定主義」といえる。なお水道条例は，条例の名を付しているが，これは現在でいう地方公共団体の条例ではなく，当時の法律である。つまり水道条例は水道を規制する日本で最初の法律である。

　その後，明治44（1911）年の水道条例の改正により，市町村公営限定主義を多少緩和して，市町村以外の私企業も水道布設ができることとされた。この改正の主たる目的は，大都市周辺地区の人口集中と都市開発に対して，これらの地域の町村には資力がなく水道布設が困難であったため，水道布設を促進する

ためには，市町村以外の資力のある私企業にも水道布設を許可することが必要とされたことによる。つまり，資金調達という財政問題を解決するために，例外として民営を認めることとしたのである。ここに現在に至る水道事業の「市町村公営原則」が確立したのである。

2.4 「公営」対「民営」論争

　日本の水道の経営主体は，水道条例により市町村公営限定主義とされ，一切の民営水道が認められない制度としてスタートしたが，水道条例成立以前において検討されていた法案が，民営水道を前提としたものであったことはあまり知られていない。

　水道布設のために問題とされたのは，その経営主体である。水道の経営を公営に限定するのか，あるいは建設財源の都合のため民間資本を利用するのかという経営主体の適正性の問題であった。当時，国も地方公共団体も財政基盤が脆弱であったことから，民間の会社組織による私営水道が最有力案として検討された。

　明治20（1887）年当時，長崎，大阪，東京等で私営水道会社の出願があった。そこで私営水道に関する法律を立案する必要性に迫られることとなり，私営を認める「市街私設水道条例案」が作成された（日本水道史編纂委員会編［1967］351-352頁）。そこでは水道の布設については，「経済の都合で市町村が経営できない場合には，私立会社の組織を許すものとする」（水道制度百年史編集員会［1990］17頁）という方針が採用され，日本の水道法制上，最初から民営が認められる方針であった。しかし，その後の元老院での審議により，一切の民営を認めないとする市町村公営限定主義により，明治23（1890）年に水道条例が制定された。

　民営水道検討の具体例として，明治19（1886）年に「水道設置建議案」に基づいて，長崎で民間水道会社が工事費30万円を調達のうえ水道施設の建設を行い，水道料金収入すなわち水道利用者負担で返済する民営水道方式の計画があった。しかしながら，この民営水道方式では，30万円の元利償還金を住民が水道料金として負担することに対して，負担をめぐり住民が反対運動を起こしたことなどから私設会社案が消滅した（蔵園［1970］34頁）。

　翌明治20（1887）年に東京水道会社設立願が提出され，再び民営水道方式が

検討された。そこで内務省衛生局長は，「市街私設水道条例案」を提案し，民営を許可する方針を閣議決定したが，その後，元老院の審議により修正され，一切の民営水道を認めないという市町村公営限定主義として水道条例が成立したのである。

要するに，政府原案は当初から民営水道を認めることを予定していたということである。ところが，資金調達とその償還に問題があると判断されたことから民営水道が見送られたのである。飲料水を供給する水道は伝染病，特にコレラの流行を防ぐための公共的使命を帯びていることから，その経営を私企業に委ねることは当時の事情としては衛生行政上重大な支障があると判断されたのである。このように水道事業の経営主体をめぐる議論を経て，明治20（1887）年に横浜水道が日本の近代水道として登場したのである。

当時と現在では水道普及率や社会経済環境が決定的に異なっていることから，当時と現在を同一視することは適当でない。現在の日本では，老朽化した水道施設の再構築の資金調達のために民間資本を導入しようとする考え方がある。明治時代の水道創設と現在の老朽化施設の再構築との違いはあるが，資金調達としての民間資本の導入という着眼点は同じである。

2.5 衛生「衛生行政」と「都市計画」および「地方自治」をめぐる論争

水道条例により日本の近代水道がスタートしたものの，日露戦争後から大正時代にかけて，経済発展が著しく，鉱工業が勃興してくるに従って，水道水源の周辺地域が開発され，各種工場の設置や鉱物の採掘，牧畜等が行われた結果，水道水源における水質汚濁等の事件が各地で発生することとなった。社会経済環境が大きく変貌するなかで，水道条例による規制は実態にそぐわないものとなり，新法制定の必要性が生じてきた。

こうした背景のもと，水道事業者からの要望に対して，水道条例に代わる水道規制の新法制定の動きが起こり，「水道事業法案」（昭和26（1951）年3月）が審議された（水道協会［1951］2頁）。経済的規制は「事業法」に法的根拠を求めるが，この水道事業法案の第1条は，「水道の布設，管理及び事業経営に関する基準を定める」と規定しており，事業法的性格のものであった。その主な規定は，次のようなものであった。

①水道事業は原則として地方公共団体が営むものとするが、非公営の特許事業を認めること。
②認可は水道の布設工事ではなく、事業経営に対して行うこと。
③料金は、公正妥当にして、且つ当該事業の経営収支の適合を基本として定めなければならないこと。

ところがこの水道事業法案の内容に対して、水道規制に関する規制当局の見解の対立が生じることとなった。すなわち、厚生省（現厚生労働省）では水道を衛生施設と位置付けて、水道布設と管理の適正化を求めたのに対して、建設省（現国土交通省）では水道は利水事業の一形態であると同時に都市計画事業であると位置づける見解をとり、水道が建設途上にあることから整備促進を促す措置が必要であるとの立場をとったものである。

この水道事業法案は廃案となったが、水道の経営面を統制する地方公営企業法が昭和27（1952）年に制定・施行された。地方公営企業法は地方自治法の特別法として、地方公共団体が経営する交通事業、電気事業、ガス事業などの組織、財務、職員の身分取り扱いの特例等を規定したものであり、水道事業にも適用されるものである。

地方公営企業法が制定された当時、同法を所管する地方自治庁（現総務省）は、地方公営企業について、水道条例の特例とすることも可能であり、立法政策としても有意義であろうと考えられるが、そのような政策はとられなかったのである、と記している（地方財務協会編［1952］187頁）。これにより現在の水道規制は、地方公営企業法と昭和32（1957）年に制定された水道法が重畳的に適用される制度となっている。

2.6　水道行政三分割

水道条例に代わる新法制定に向けた調整は難航を極めたが、「水道行政の取扱に関する件」が閣議決定され（昭和32年1月18日）、水道行政の所管が明確化された。すなわち、①上水道に関する所管は厚生省、②下水道に関する所管は建設省、③工業用水道に関する所管は通商産業省（現経済産業省）とされた。これが「水道行政三分割」と伝えられる行政改革である。水道行政三分割の後、水道法が昭和32年に、下水道法と工業用水道事業法が昭和33（1958）年に制定

され，現在まで水道をめぐる3法は3省が所管している。

こうした水道行政三分割の決定に対しては，「建設省は譲ってまとめる大人の対応をし，通商産業省は最後に出てきて権限を確保する抜け目のなさが目立つ。厚生省は，伝染病問題を理由に下水道の最終処分場を所管し，新たな火だねを残した（結局，昭和42（1967）年，厚生省はそのほとんどを手放すことになる）」（後藤［2013］15頁）との指摘もあるとおり，水をめぐる各省の争いには歴史的に問題を有していたとの見方もあるところである。こうした所管体制に対して，水行政が一元化されるような制度的・組織的な措置を講じるべきであるとする意見が現在まで続いている。

2.7 水道法の制定と法改正の変遷

2.7.1 昭和32年水道法制定

水道規制としての水道法制定は，「清浄にして豊富低廉な水の供給」（水道法第1条）を目的として制定された。この水道法により日本の水道普及率の向上に拍車がかかり，地下水が特に豊富な地域や山間地などを除いて，ほぼ「国民皆水道」に近い状態を実現した。これは世界的にみても特筆すべきことといえる。

規制は，一般的には社会的規制と経済的規制に分けられる。社会的規制とは，労働者や消費者の安全・健康・衛生の確保，環境の保全，災害の防止等を目的として，財・サービスの質やその提供に伴う各種の活動に一定の基準を設定したり，特定行為の禁止・制限を加えたりする規制である。水道法における社会的規制には，たとえば「病原生物に汚染され，又は病原生物に汚染されたことを疑わせるような生物若しくは物質を含むものでないこと」（水道法第4条）とする水質基準などがある。

さらに経済的規制とは，たとえば料金規制や，特定の事業者にしか営業を許可しないなど，基本的な経済行為や業界への参入そのものを規制して，競争を制限するようなことをいう。水道法における参入規制は，水道事業を経営しようとする者は，厚生大臣（現厚生労働大臣）の認可を受けなければならない（水道法第6条）として事業認可を前提とした点に認められる。さらに，「市町村以外の者は，給水しようとする区域をその区域に含む市町村の同意を得なければ，前項の認可を受けることができない」と規定されている。

また料金規制に関しては,「水道事業者は,料金,給水装置工事の費用の負担区分その他の供給条件について,供給規程を定めなければならない」(水道法第14条)と規定されている。

経済学的研究としては,経済的規制としての参入規制や料金規制などが中心的研究テーマとなる。それぞれに重要な研究テーマであるが,水道法は参入規制による安定供給の確保に重点が置かれてきたこともあって,その後の水道法改正では参入規制の見直しに関係する点に重点が置かれてきたといえる。

2.7.2　昭和52年水道法改正

昭和52 (1977) 年に水道法改正が行われたが,改正の主な内容は次の3つである。

第1に,水道法の目的として水道の計画的整備を新たに加えたことである。この水道の計画的整備とは,水道の政策目的として「清浄にして豊富低廉」な水の供給を達成するための手段として「水道を計画的に整備し」という文言が追加された(水道法第1条)。

第2に,水道の整備等に関する国,地方公共団体等の責務を明らかにしたことである。具体的には,水道の整備等に関する国,地方公共団体等の責務として,水源等の清潔保持や適正かつ合理的な水使用に関して必要な施策を講じる責務が国と地方公共団体に課されることとされた(水道法第2条第1項)。

さらに,「水道事業は,原則として市町村が経営するものとし,」として市町村経営を原則とする文言を新たに追加し,市町村以外の者は,給水しようとする区域をその区域に含む市町村の同意を得た場合に限り,水道事業を経営することができるものとする(水道法第6条第1項),と改正した。

第3に,水道の広域的な整備計画等を新設したことである。地方公共団体は,関係地方公共団体と共同して,水道の広域的な事情に関する基本計画(「広域的水道整備計画」という)を定めるべきことを都道府県知事に要請することができることとし(水道法第5条の2第1項),都道府県知事は,必要があると認めるときは広域的水道整備計画を定めることとされた(水道法5条の2第2項)。

ここでいう水道の広域的整備とは,市町村の行政区域を越えた広域的見地から水道の計画的整備を推進し,水道事業等の経営,管理の適正・合理化を図る

ため，水道の施設の整備，経営主体等の統合等を行うことを指す（水道広域化という）。これにより水資源の確保や維持管理水準の向上等が図られ，安定給水の確保や水道水の安全性の向上，さらには料金水準の抑制，つまり水道法が掲げる「清浄にして豊富低廉」な水供給が実現されると期待されている。

　経済学的な観点からは，水道の広域的整備とは水道が規模の経済が作用する事業であることを法制度上に取り入れたものとみることができる。これは水需要が増加する当時の状況を反映したものでもあり，国の政策として水道の広域化を基本的な方向として示した点で水道行政上の重要な転換点といえる。

　この広域的整備計画につき現在，厚生労働省は，自然的社会的条件の変化に合わせ適切に見直すべきものであり，5～10年をめどに見直し，修正を行うこととしている。ところが実際には，計画期間が経過した後も見直し・改定が実施されていないものがあるなど，抜本的な水道広域化はその後も大きな進展をみせることはなかったとの指摘もある（坂本［2010］79頁）。

2.7.3　平成13年水道法改正

　水道の経営主体は市町村を原則とする参入規制が行われてきたが，平成13（2001）年の水道法改正により，水道の管理に関する技術上の業務を水道事業者および需要者以外の第三者に委託できる制度（「第三者委託」という。水道法第24条の3）が創設された。これにより水道事業の業務の一部を民間企業等が受託することによって，水道事業への参入が可能となった。

　受託者は，委託契約に基づき，一定範囲で水道事業者等に代わって水道法上の責任を負うこととなり，厚生労働大臣または都道府県知事からの監督を受け，また，受託者が適正に業務を実施しない場合には，受託者自身がその責任を問われ，水道法上の罰則の適用を直接受けることとなる。第三者委託の典型的な例としては，浄水場の運転管理を一括して委託するようなケースが想定される。

　平成27（2015）年度の実施中のものとして，46水道事業体の172カ所の水道施設について，民間企業が第三者委託の受託者として活動している（厚生労働省調べ）。

2.7.4　水道法改正と今後の見通し

　水道は人口減少社会の到来とともに給水収益の減少や地震対策としての耐震

化の推進，水道施設の老朽化に伴う施設更新の必要性，水道技術職員の減少に伴う技術維持の困難性など，多くの問題を有している。

こうした問題を克服するため国としては新水道ビジョンを策定し，将来の水道のあり方を明らかにすることによって，水道が「安全」，「持続」，「強靱」であり続けることを目指している。さらに次期の水道法改正も現実味を帯びてきており，水道法改正を含めた全般的な制度改革が求められている。

3 下水道制度形成史

3.1 明治33年旧下水道法の制定

下水道とは，生活もしくは事業（耕作の事業を除く）に起因し，もしくは付随する廃水（以下「汚水」という）または雨水を排除するために設けられる施設の総体をいう。

すでに述べたとおり，コレラの流行により，伝染病予防対策としての衛生行政の必要性が高まり，明治14（1881）年に横浜，明治17（1884）年に東京・神田を皮切りに，明治時代には，横浜，東京のほかに大阪市，仙台市，広島市，名古屋市で下水道整備が始まった。

このようななかで，下水道に関する法整備が求められるようになり，明治33（1900）年に旧下水道法が制定された。この法律では，土地を清潔に保つことを目的とし，事業は市町村公営で，新設には主務大臣の認可を要することとされた。旧下水道法（法律第32号）は，汚物掃除法（法律第31号）の特別法として位置づけられたものである。

両法の目的は，市域の「土地の清潔」を保持することである。汚物掃除法にいう「汚物」とは「塵芥，汚泥，汚水及び屎尿」（施行規則第1条）で，旧下水道法にいう「下水」とは「汚水と雨水」を指す（法第1条）。屎尿は，旧下水道法の対象外であった。また，「下水道」とは，「（下水）疎通の目的をもって布設する排水管その他の排水線路及びその付属装置」である（法第1条）。旧下水道法は，下水道を管理する権力的な公物管理法であった。権力的内容になった理由は，法制定直前に勃発したペストの流行に一因がある。

その結果，下水道は，純粋な公共事業と位置づけられ，建設費および維持管

理費は租税が充当されることになった。下水道事業の民営化は、法制定時には俎上に載っていない。コレラやペストを予防する施設である以上、これは当然であったといわれている（稲場［2014］71頁）。

　水道と下水道の相違点は、水道は利用者からの給水サービスの申し込みを前提として水道事業者が給水義務を負う制度であるが、下水道は下水道が整備された区域内の土地の所有者等は下水道を使用する義務を負う制度とされている点である。下水道の接続義務（利用強制）は水道にはない下水道の特殊性といえるが、これは旧下水道法の制定当初から規定されたものであり、現在に至っている制度である。

3.2　昭和33年新下水道法の制定

　前述2.6項の水道行政三分割の閣議決定を受けて、昭和33（1958）年に旧下水道法を全面改正することとなり、新下水道法が制定された。新下水道法の特徴として次の7点が挙げられる。

①下水道を、公共下水道と都市下水路とし、管理は基本的に市町村が行うこと。
②公共下水道について、構造の基準、水質の基準、終末処理場の維持管理の基準を政令で定めること。
③公共下水道の排水区域内は排水設備の設置義務を課すこと（接続義務）、悪質な下水を排除する者に対し、条例で、除害施設の設置等を義務づけることができること。
④公共下水道について、使用料を徴収することができること。
⑤公共下水道について、設計と工事の監督管理の資格制度を設けること。
⑥公共下水道台帳を整備すること。
⑦国は、公共下水道・都市下水路の設置・改築等について補助すること。

3.3　昭和45年下水道法の改正

　昭和33年の新下水道法制定以降、昭和42（1967）年の改正を経て、昭和45（1970）年にはいわゆる公害国会が開催され、水質汚濁対策として水質汚濁防止法が制定されるとともに、下水道法の大幅な改正が行われた。この背景には、

昭和30年代後半以降の高度経済成長と，人口・産業の都市集中による公共用水域の水質汚濁等の問題があった。

東京・隅田川では昭和37（1962）年に水質汚濁により漁業権が消滅するなど，悪臭のどぶ川に堕し，隅田川は死んだとまでいわれる状況であった。電車が隅田川の鉄橋を渡るとき，あまりの悪臭に窓が一斉に閉められたという。明治38年（1905年）から隅田川を舞台として競われてきた大学間のボート・レースとして知られる早慶レガッタも，水質汚濁を原因として昭和37年（1962年）に隅田川での開催が中止されるに至った。当時の隅田川流域の下水道普及率は10％，これに対し水道の普及率は8割で，飲み水は豊富に使うことができた一方で，使用後の水はほとんど未処理のまま垂れ流され，その結果，人も寄りつけないほどの死の川となっていた。

こうした状況を受けて，昭和45年の下水道法改正では，下水道法の目的に「公共用水域の水質の保全に資すること」を追加するとともに，流域下水道に関する諸規定を設けることと改正された。さらに，都道府県知事は，水質環境基準を達成するため，建設大臣の承認を受けて，流域別下水道整備総合計画を定めなければならないことなどが規定された。

昭和45年の下水道法の改正により，隅田川流域では6割を超える下水道普及率となり，昭和53（1978）年に早慶レガッタは隅田川で再開されたのである。このように下水道法の改正は，日本の下水道普及率の向上と公共用水域の水質保全などの点において大きな役割を果たしてきたのである。

3.4　下水道整備五箇年計画と社会資本整備重点計画

下水道整備は下水道法とともに進展してきたが，その整備の進展の背景には下水道整備五箇年計画と社会資本整備重点計画がある。下水道整備五箇年計画とは，第2次計画以降は下水道整備緊急措置法（昭和42年法律第41号）を根拠にして策定されたものである。

この法律は，下水道の緊急かつ計画的な整備を促進することにより，都市環境の改善を図り，もつて都市の健全な発達と公衆衛生の向上とに寄与し，あわせて公共用水域の水質の保全に資することを目的とするものであり，下水道整備事業の計画を策定し，地方公共団体はこの計画を受けて下水道の緊急かつ計画的な整備を行うように努めなければならないこととされた。この法律は平成

図表 2 − 1　下水道整備五（七）箇年計画及び社会資本整備重点計画の推移

計画		期間	背景等	計画額 実績額	（達成率）	整備指標等 整備目標等	達成実績
下水道整備五箇年計画	第1次	S38～42年度 （実施は～41）	生活環境施設整備の中心的役割を担う	4,400億円 2,963億円	（67.3%）	（排水面積普及率）16→27%	20%
	第2次	S42～46年度 （実施は～45）	下水道行政一元化／水質汚濁対策としての第一歩	9,300億円 6,178億円	（66.4%）	（排水面積普及率）20→33%	23%
	第3次	S46～50年度	下水道法改正→「公共用水域の水質保全」を目的に追加／流域下水道の法制化	2兆6,000億円 2兆6,241億円	（100.9%）	（処理区域面積普及率）23→38%	26%
	第4次	S51～55年度	ナショナルミニマムとしての認識／特環の制度化	7兆5,000億円 6兆8,673億円	（91.6%）	（処理人口普及率）23→40%	30%
	第5次	S56～60年度	総量規制への対応／三全総の定住圏構想	11兆8,000億円 8兆4,781億円	（71.8%）	（処理人口普及率）30→44%	36%
	第6次	S61～H2年度	維持管理の充実／処理水等の有効利用	12兆2,000億円 11兆6,913億円	（95.8%）	（処理人口普及率）36→44% （雨水排水整備率）35→43%	44% 43%
	第7次	H3～7年度	中小市町村の整備促進／大都市における機能改善，質的向上／公共投資基本計画	16兆5,000億円 16兆7,105億円	（101.3%）	（処理人口普及率）44→54% （雨水排水整備率）40→49% （高度処理人口）230→750万人	54% 47% 730万人
	第8次	H8～14年度	中小市町村等の整備促進／下水道資源・施設の有効利用／下水道施設の高度化／構造改革のための経済社会計画	23兆7,000億円 24兆6,462億円	（104.0%）	（処理人口普及率）54→65% （雨水排水整備率）46→55% （高度処理人口）513→1,500万人	65% 51% 1,427万人
		期間	背景等	整備指標		整備目標	
社会資本整備重点計画	第1次	H15～19年度	国民が享受できる成果を達成目標に関連事業の横断的，効率的な実施 国土交通省発足による統合のメリットを活用	●汚水処理人口普及率		約76→約86%	
				●下水道処理人口普及率		約65→約72%	
				●床上浸水を緊急に解消すべき戸数		約9万戸→約6万戸	
				●下水道による都市浸水対策達成率		約50.6→約54%	
				●下水汚泥リサイクル率		約60→約68%	
				●環境基準達成のための高度処理人口普及率		約11→約17%	
				●合流式下水道改善率		約15→約40%	
	第2次	H20～24年度	整備の方向性を明確にし，社会資本整備に関する「政策目標」とその実現によって国民が享受する「成果」を示し，「限られた財源の中で効果的かつ効率的に社会資本整備を進めるための取組」を明らかにする	●近年発生した床上浸水の被害戸数のうち未だ床上浸水の恐れがある戸数		約14.8万戸→約7.3万戸	
				●下水道による都市浸水対策達成率	全体 重点地区	約48%→約55% 約20%→約60%	
				●ハザードマップを作成・公表し，防災訓練等を実施した市町村の割合（内水）		約6%→100%	
				●浸水時に人命被害が生じるおそれのある地下街等における浸水被害軽減対策実施率		約65%→約93%	
				●防災拠点と処理場を結ぶ下水管渠の地震対策実施率		約27%→約56%	
				●合流式下水道改善率		約25%→約63%	
				●河川・湖沼・閉鎖性海域における汚濁負荷削減率	河川 湖沼 三大湾	約71%→約75% 約55%→約59% 約71%→約74%	
				●良好な水環境創出のための高度処理実施率		約25%→約30%	
				●都市域における水と緑の公的空間確保量		約13.1㎡/人→約1割増	
				●下水道バイオマスリサイクル率		約22%→約39%	
				●下水道に係る温室効果ガス削減量		（H20末）約125万t →（H20-24平均）約216万t	
				●汚水処理人口普及率		約84%→約93%	
				●下水道処理人口普及率		約72%→約78%	
				●下水道施設の長寿命化計画策定率		0%→100%	
	第3次	H24～28年度	昨今の大きな変化を踏まえ，国民にとって真に必要な社会資本整備を戦略的に進めることが必要であり，そのために，社会資本整備を進める上での指針となる現行の重点計画を，早期かつ抜本的に見直す	●地震対策上重要な下水管渠における地震対策実施率		約34%→約70%	
				●過去10年間に被災した床上浸水家屋の解消	全体 下水（内数）	約6.1万戸→約4.1万戸 約3.4万戸→約3.0万戸	
				●下水道による都市浸水対策達成率		約53%→約60%	
				●ハザードマップの作成・公表＋防災訓練実施市町村率		約31%→約100%	
				●事業継続計画（BCP）の策定率		約6%→約100%	
				●下水汚泥エネルギー化率		（H22年度） 約13%→約29%	
				●下水道に係わる温室効果ガス排出削減		（H23年度） 約129万t→約246万t	
				●汚水処理人口普及率（※福島県を除く）		（H22年度） 約87%→約95%	
				●良好な水環境創出のための高度処理実施率		約33%→約43%	
				●長寿命化計画の策定率		約51%→約100%	

（出所）公益社団法人日本下水道協会「日本の下水道」（平成28年度），資料編2頁。

15 (2003) 年に廃止された。

その後，社会資本整備重点計画法（平成15年法律第20号）に基づき，社会資本整備重点計画が策定され，下水道を含む社会資本整備事業を重点的，効果的かつ効率的に推進することとされた。

このような重点的な政策の展開によって，現在の下水道が整備されてきたのである。その概要は**図表2－1**のとおりである。

3.5　その後の改正と現行の下水道法

その後，数次の改正を経て現行の下水道法に至っている。

昭和51（1976）年に，工場排水等の水質基準違反について，水質汚濁防止法と同様の制度，すなわち，間接罰制度でなく，直罰制度とするなどの法改正が行われている。これにより下水道における水質規制制度が完成をみたといえる。

平成8（1996）年には，公共下水道の暗渠内に光ファイバーの設置を解禁する法改正が，平成17（2005）年には，公共下水道により排除される雨水のみを受けて，2以上の市町村の区域における雨水を排除する下水道を，流域下水道として整備することができるとする法改正が行われた。さらに，平成23（2011）年には，地方分権改革のための法改正，すなわち，事業計画制度の認可制度から同意なし協議制度へ変更，構造基準の一部の委任条例化，終末処理場の維持管理基準の委任条例化等が行われている。

そして現行の平成27（2015）年の改正では，浸水被害を下水道法に定義づけること，雨水に特化した公共下水道の導入（雨水公共下水道制度），維持修繕基準の創設，排水施設の点検方法・頻度の事業計画への記載，下水汚泥利用の努力義務，民間による下水熱利用の規制緩和，災害時維持修繕協定制度，広域化・共同化のための協議会制度創設等が取り入れられている。

こうした下水道法制の変遷の中で，今後は，気候変動等に伴う大規模災害の発生リスクの増大，インフラメンテナンスの推進，循環型社会の推進，国・地方公共団体等における行財政の逼迫などに対応していく必要がある。そのためには，歴史的に公共事業と位置づけられてきた下水道に，公益事業的な性格を取り入れていくことも考えられる。人口減少社会の到来などの環境変化のなかで，下水道政策は転換期に差しかかっているといえよう。

注

1）平成29（2017）年3月7日に水道法改正の閣議決定がなされ，第193回通常国会に提出された。しかし水道法改正案の実質審議に入ることなく同年6月18日に閉会となるも，衆議院で閉会中審査が議決され継続審議とされた。第194回臨時国会冒頭で衆議院が解散され，継続審議となっていた水道法改正案は廃案とされた。改正案については第14章2.4項を参照。

参考文献

稲場紀久雄［2014］「試論 下水道法形成略史〜下水道法と関連諸法の関係性〜」『月刊下水道』Vol.37, No.2, 環境新聞社。
蔵園進［1970］『地方公営企業の研究』法政大学出版局。
後藤彌彦［2013］「水道法の歩みと水質汚濁防止」Hosei University Repository.
  http://repo.lib.hosei.ac.jp/bitstream/10114/8659/1/13_nkr_14-2_goto.pdf
坂本弘道［2010］『検証・水道行政』全国簡易水道協議会。
佐藤裕弥［2017］「水事業の新展開」山本哲三編著『公共政策のフロンティア』成文堂。
地方財務協会編［1952］『地方公営企業法解説』地方財務協会。
水道協会［1951］『水道協会雑誌』第198号，水道協会。
水道制度百年史編集委員会［1990］『水道制度百年史』厚生省生活衛生局水道環境部。
日本水道史編纂委員会編［1967］『日本水道史』日本水道協会。

第3章
上下水道事業の経済性

1 はじめに：経済学の分析対象としての上下水道事業

　電気，ガス，水道・下水道，鉄道，電気通信など，サービスの供給において固定的・物理的なネットワークを必要とするネットワーク産業では，1980年代の世界的な規制緩和・民営化の潮流の中で，その規制改革の是非を検証するために数多くの経済学的アプローチからの研究が蓄積されてきた。特に，統計学・計量経済学を用いた実証分析をベースとした定量的研究は，分析に用いられるコンピューターの性能が向上し，統計ソフトウェアが次々に開発され，また分析モデルの精緻化・高度化が進み，それらに耐えうるデータの整備が世界各国で進められたため，1990年代以降研究成果の蓄積が急激に増加しているのが現状である[1]。本書が対象としている水道・下水道事業分野についても，Berg and Marques [2011] に指摘されているように，1990年代後半から2000年代にかけて実証分析を行った研究成果の数が急激に増加しており，分析が行われた国も米国，イギリスが比較的多いものの，ヨーロッパ諸国をはじめ南米，アジアなど世界中で分析が可能となっていることが明らかにされている。

　では，これまでの先行研究はどのようなテーマに関心を持ち，実証分析に取り組んできたのだろうか。先にも述べた1980年代以降の規制緩和・民営化の潮流は，その後のさらなる規制改革，いわゆる構造分離へと向かうことになる。事業の水平的な分割・統合の議論，サービスの生産から供給の流れにおける上流部分と下流部分の統合・分離のいわゆる垂直統合・分離の議論，施設の保有と運営の分離のいわゆる上下分離の議論，さらには所有主体（Ownership）と

しての公民比較の議論など，ドラスティックな規制改革の進展とともに研究対象も多様化し，実証分析の内容も実にバラエティーに富むものになっていった。一方で，水道・下水道事業分野については他の分野とは事情が異なり，研究および実証分析の関心は主に規模の拡大による経済性（規模の経済性）の有無，あるいは複数事業を同時に実施することの経済性（範囲の経済性）の有無を明らかにすることに焦点が当てられてきたようである。

　なぜこのような違いが生じたのであろうか。それは，水道・下水道事業の産業としての特徴にあると考えられる。人間はその誕生以来，水が存在する場所を生活の拠点としてきた。つまり，水が無ければ人間は生きていけないのである。人間が密集し都市が形成されると，水を確保するために水道が建設されてきた。古代ローマにおいても，江戸においても遠く離れた水源から都市部に飲料水を供給するために，高度な土木技術を駆使して水道が施設されてきたことは多くの書物が紹介しているところである[2]。このような事実からも明らかなように，水道は水源から水を運ばなければならないという地理的な制約を受け，かつ原則として自然流下により供給されるという地形的な制約を受けるという特徴が他産業と比較した大きな違いの1つであろう。一方，水系伝染病により多数の死者を出してきたという悲劇的な歴史が幾度となく繰り返されてきたことは，1800年代後半からの水道管による圧力給水という近代水道の発展をもたらすことになった。公衆衛生の確保および防火対策のための水道の整備が世界的に進められてきたが，その施設整備および運営や維持・管理の主体として位置づけられたのは多くの場合基礎自治体（municipalities）であった。日本では1987年に横浜において最初の近代水道が建設されて以来，法に基づき市町村経営原則が維持されている。このように，水道は世界的に見ても規模の小さな事業者が多数存在することとなっているという点は他産業と異なる2つ目の特徴といえるだろう。結果として，水道分野では規模の拡大による経済性が存在するのか否か，最適な事業規模はいったいどの程度なのかが，今日においてもなお実証分析の1つの大きな関心となっているのである。

　さて，主に水道事業に関して産業としての特徴を概観してきたが，下水道事業についても地理的・地形的な要因に大きく左右されることは同じであり，また経営主体としても基礎自治体が中心であることは水道となんら変わりはない。しかし，水道と下水道ではその果たすべき役割が大きく異なっており，水道は

飲用に適した水を水道管を用いて圧力給水により供給する事業である一方，下水道は雨水排除と汚水処理を主な事業とし，特に汚水処理においては公衆衛生の確保とともに公共水域の環境保全という外部不経済を防止する役割も担っている。すなわち，水道と下水道ではサービスの供給にかかる技術的要件やシステムが異なっており，両事業を一体的に供給することが経済性という側面から見てメリットがあるかどうかについては意見が分かれるところとなっている。後述するように，上下水道事業の垂直統合の経済性を分析した先行研究によれば，上下水道の一体的経営について経済的メリットがあると判断することは困難な状況なのである。

以下，本章では水道・下水道事業の経済性について規模の経済性および範囲の経済性を中心に，その概念の説明および先行研究において得られた知見を取りまとめる。本来であれば規模の経済性および範囲の経済性の説明の後に分析手法の解説から先行研究の整理へと進むべきであるが，本章では説明の都合上先に分析手法の発展を解説し（第2節），その後規模の経済性の説明（第3節），範囲の経済性の説明（第4節）と続き，諸外国において行われた先行研究の分析結果を紹介（第5節）した後に，最終節において日本における実証分析の今後の方向性についてまとめることとしたい。

2　分析手法の発展

経済学では，規模の経済性および範囲の経済性の概念を説明する際に生産関数もしくは費用関数を用いる。水道・下水道事業をはじめとするネットワーク産業では通常複数生産物を考慮しなければならないため，実証分析には費用関数が採用されることが多い。費用関数を一般式で表現すると以下のとおりとなる。

$$C = C(Q_1, Q_2, W_K, W_L) \tag{1}$$

Cは総費用であり，Q_1，Q_2はそれぞれ第1財および第2財の生産量（Output），W_K，W_Lはそれぞれ資本と労働の投入価格（Input price）である。したがって，(1)式は第1財および第2財という複数生産物を資本と労働という2つの投入を

用いて生産すると想定した場合の費用関数を表していることになる。実際の分析にあたってはこれらの説明変数に加え，ネットワーク変数やコントロール変数，質的変数が加えられるなど，それぞれの研究者の意図に従ってさまざまな工夫が施されることになる。

次に，この費用関数モデルを用いて統計学的・計量経済学的な実証分析を行う場合には，何らかの関数形を(1)式に当てはめて各変数のパラメーターの推定を行うことになる。以下，代表的な関数形を並べてみよう。

線形モデル

$$C = \alpha + \beta_1 Q_1 + \beta_2 Q_2 + \gamma_K W_K + \gamma_L W_L \tag{2}$$

対数線形モデル

$$lnC = \alpha + \beta_1 lnQ_1 + \beta_2 lnQ_2 + \gamma_K lnW_K + \gamma_L lnW_L \tag{3}$$

トランスログ型モデル

$$\begin{aligned}lnC = {} & \alpha + \beta_1 \, lnQ_1 + \beta_2 \, lnQ_2 + \frac{1}{2}\beta_{11}(lnQ_1)^2 + \frac{1}{2}\beta_{22}(lnQ_2)^2 \\ & + \beta_{12}(lnQ_1)(lnQ_2) + \beta_{1K}(lnQ_1)(lnW_K) + \beta_{1L}(lnQ_1)(lnW_L) \\ & + \beta_{2K}(lnQ_2)(lnW_K) + \beta_{2L}(lnQ_2)(lnW_L) + \gamma_K lnW_K + \frac{1}{2}\gamma_{KK}(lnW_K)^2 \\ & + \gamma_L lnW_L + \frac{1}{2}\gamma_{LL}(lnW_L)^2 + \gamma_{KL}(lnW_K)(lnW_L) \end{aligned} \tag{4}$$

クアドラティック型モデル

$$\begin{aligned}C = {} & \alpha + \beta_1 Q_1 + \beta_2 Q_2 + \frac{1}{2}\beta_{11}Q_1^2 + \frac{1}{2}\beta_{22}Q_2^2 + \beta_{12}Q_1 Q_2 + \beta_{1K}Q_1 W_K + \beta_{1L}Q_1 W_L \\ & + \beta_{2K}Q_2 W_K + \beta_{2L}Q_2 W_L + \gamma_K W_K + \frac{1}{2}\gamma_{KK}W_K^2 + \gamma_L W_L + \frac{1}{2}\gamma_{LL}W_L^2 \\ & + \gamma_{KL}W_K W_L \end{aligned} \tag{5}$$

変数の説明はすでに述べたとおりであり，数式中のギリシャ文字は推定されるパラメーターを表す。なお，簡単化のためにパラメーターに関する制約式は省略した。実証分析が開始された初期には(1)式の線形モデルや(2)式の対数線形モデルが採用されたが，その後経済学理論と整合性を持つ[3] コブ＝ダグラス (Cobb-Douglas) 型[4] および(4)式に示されるトランスログ (Translog) 型[5] の費用関数が開発されると，一気に実証分析の蓄積が進むことになった。特に

トランスログ型の費用関数はフレキシブルな関数形として知られ経験的にも推定の精度が非常に高いため多くの研究者によって採用されているところである。しかし，このトランスログ型の費用関数にも大きな欠点が存在する。それは，変数を対数変換しているため変数の値が0をとる場合に数学的なエラーが生じ，推定が不可能となるという点である。この問題を解決するためにさまざまな工夫が行われてきたが[6]，その1つの解決策として変数を対数変換しない関数形が採用された。その代表的なものとしては(5)式のクアドラティック（Quadratic）型費用関数が挙げられる[7]。

さらに，推定方法については線形モデルと対数線形モデルでは通常最小二乗法（OLS）が用いられるが，トランスログ型およびクアドラティック型についてはシェパードの補題（Shephard's lemma）により導出されるコストシェア式（Cost share equation）および要素需要式（Input demand equation）とともにシステム推定（通常，SUR推定）が採用される[8]。なお，トランスログ型およびクアドラティック型を用いる場合は，説明変数を任意の点で基準化しておかなければならないが，一般的にはサンプル平均値が採用されることが多い。

3 規模の経済性

規模の経済性とは，生産規模を拡大するに従って単位当たり費用（平均費用）が減少する効果のことである。直感的な理解を深めるために**図表3－1**を用いて説明してみよう。

経済学では2階微分可能な費用関数を想定し，平均費用曲線（AC）と限界費用曲線（MC）を図表3－1に示されるように下に凸の曲線として描く。注意しなければならないことは，MCは必ず左下から右上方向にACの最小となる点を通過（交差）するということである。ACの最小点は最適規模とも呼ばれ，この点では$AC=MC$が成立することになる。したがって，規模の経済性（SE）をACおよびMCを用いて定義すると，以下のように表すことができる。

$$SE = AC/MC \tag{6}$$

| 図表 3 - 1 | 規模の経済性 |

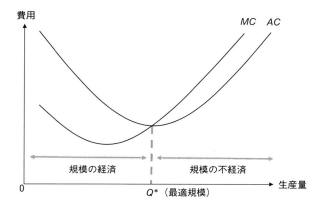

　図表 3 - 1 を用いて説明すると，規模の経済性とは生産規模が拡大するにしたがって平均費用が減少する部分であるから，図中の生産量 0 から最適規模（Q^*）の範囲が規模の経済性が存在する範囲となり，この部分において $SE>1$ が成立する。また，$SE=1$ が成立する点を規模の経済性が一定といい，この点では最適な生産が行われているということができる。さらに，$SE<1$ となる場合，つまり図表 3 - 1 の最適規模よりも生産規模が大きい部分を規模の不経済性が存在するという。したがって，規模の経済性が存在するか否かと問われた場合，それはいったいどの規模において評価するのかをまず考える必要があり，図表 3 - 1 で説明すると最適規模より小さい規模であればどの点においても規模の経済性が存在すると回答できることになる。

　第 1 節において水道・下水道事業分野では規模の経済性を計測する実証研究が多数存在すると説明したが，第 2 節の説明を踏まえて規模の経済性の導出方法を説明すると以下のとおりとなる。

$$SE = AC/MC = \frac{C}{Q} \Big/ \frac{\partial C}{\partial Q} = \frac{C}{\partial C} \Big/ \frac{Q}{\partial Q} = 1 \Big/ \frac{\partial lnC}{\partial lnQ} \tag{7}$$

　また，複数生産物を想定した場合，2 財のケースでは(7)式は以下のようになる。

$$SE = 1 \bigg/ \left(\frac{\partial lnC}{\partial lnQ_1} + \frac{\partial lnC}{\partial lnQ_2} \right) \qquad (8)$$

したがって，(3)式の対数線形モデル（あるいはコブ゠ダグラス型の費用関数）を用いれば，規模の経済性の計測値は以下のように簡単に導出することができる。

$$SE = 1/(\beta_1 + \beta_2) \qquad (9)$$

また，(4)式のトランスログ型の費用関数を用いても，規模の経済性の計測値はサンプル平均で評価した場合，(9)式によって導出することができる[9]。

4　範囲の経済性

　範囲の経済性とは，複数の異なる事業を別々の企業がそれぞれ行うよりも，1つの企業が一体的に行ったほうが全体としての費用を削減できる効果のことである。範囲の経済性には水平方向の範囲の経済性と垂直方向の範囲の経済性があり，直感的理解を深めるために**図表3－2**を用いて説明してみよう。
　まず，水平方向の範囲の経済性については，たとえば図表3－2中のマルチユーティリティーのケースであり，水道事業，電気事業，ガス事業が一体的に経営された場合，それぞれ独立に経営された場合よりも全体としての費用を削減することができれば範囲の経済性が存在するということができる。ちなみに，図表3－2中の末端給水事業AからC，および公共下水道事業AからCが統合した場合は，異なる事業ではなく同一の事業の規模の拡大に該当するため，範囲の経済性ではなく規模の経済性の議論となる。
　次に，垂直方向の範囲の経済性については，図表3－2では3つのケースが考えられる。1つは水道用水供給事業と末端給水事業，2つ目は公共下水道と流域下水道，3つ目は水道事業と下水道事業である。それぞれ，サービスの供給に関して上流・下流の関係にあり，それぞれの事業を一体的に経営した場合に経済的メリット（費用削減効果など）があれば範囲の経済性が存在するということができる。ちなみに，垂直方向の範囲の経済性は垂直統合の経済性と呼

図表3－2 事業の範囲

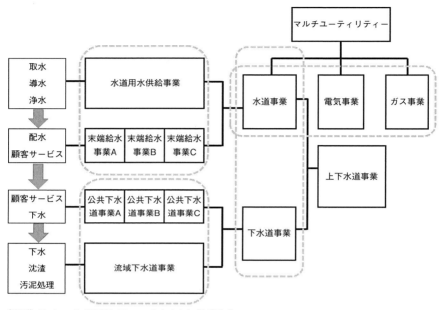

（出所）Saal *et al.*［2013］Figure 1 をもとに筆者作成。

ばれることのほうが一般的のようである。

　それでは，範囲の経済性（*SC*）を数式を用いて定義してみよう。従来の範囲の経済性の定義は以下のように示される。

$$SC = \{C(Q_1, 0) + C(0, Q_2) - C(Q_1, Q_2)\} / C(Q_1, Q_2) \tag{10}$$

　これは，第1財および第2財を別々の企業がそれぞれ生産した場合の総費用を合計したものから，同一の企業が同時に生産した場合の総費用を引いて，さらに同一の企業が同時に生産した場合の総費用で割ったものとして定義されている。したがって，$SC > 0$ であれば範囲の経済性が存在し，逆に $SC < 0$ であれば範囲の経済性は存在せず，むしろそれぞれ別々に生産したほうがより効率的となり，この場合特化の経済が存在するともいわれる。また，$SC = 0$ であれば別々に生産しても，同時に生産しても費用は同じということになる。

　しかしながら，(10)式による範囲の経済性の定義には問題が存在する。1つは

費用関数を用いてSCを導出する場合，複数生産物の1つの値が0となるため，変数を対数変換するような対数線形モデルやトランスログ型のモデルでは数学的なエラーが発生するため推定が不可能となる点である。もう1つの問題は，別々に生産する場合も同時に生産する場合も同一の費用関数を用いて推定するため，前提として同じ技術を持つと仮定している点である。第2節でも説明したように，たとえば水道と下水道の垂直統合を考える場合，水道と下水道は異なる技術要件およびシステムによりサービスの供給が行われていると説明したが，実証分析においてそれぞれが同じ技術をもとにサービスを供給していると仮定してしまうことにはかなり無理があるといわざるを得ない。そこで，Triebs *et al.* [2016] は異なる技術を前提とした以下のような範囲の経済性の定義を提案している。

$$SC = \{C^U(Q_1) + C^D(Q_2) - C^I(Q_1, Q_2)\} / C^I(Q_1, Q_2) \qquad (11)$$

ここでは上流企業（Upstream company：U）と下流企業（Downstream company：D），そして垂直統合された企業（Integrated company：I）がそれぞれ異なる技術を持つと仮定されており，実際の推定においてもそれぞれに異なる費用関数が設定されることになる。

このほか，先行研究では範囲の経済性の十分条件である費用の補完性（Cost Complementarity：CC）の概念を用いて実証分析しているものも多く存在している[10]。これは以下のように定義される。

$$CC = \partial^2 C / \partial Q_1 \partial Q_2 \qquad (12)$$

ここで，$CC < 0$ であれば費用の補完性が存在し，つまり範囲の経済性が存在することとなる。実証分析に際しては，費用の補完性の概念を用いる場合2階微分可能な費用関数を用いなければならないため，線形や対数線形モデルでは範囲の経済性を検証することができない。

5 先行研究

水道・下水道事業分野では，これまで数多くの実証分析が蓄積されてきた。近年では，Berg and Marques［2011］やSaal *et al.*［2013］，また国内ではTanaka and Urakami［2011］など，水道・下水道事業分野における実証研究をレビューする論文がいくつか発表されているところである。先行研究の詳細を説明する前に，まず諸外国における水道・下水道事業の状況について概観しておこう。Carvalho *et al.*［2012］では欧州21カ国の水道・下水道事業における事業者数，平均給水人口，事業の範囲，垂直統合の程度について詳細に検討している[11]。このうち，事業の範囲については21カ国のうち7カ国において水道・下水道事業以外に，電気事業，ガス事業，ごみ収集などを同時に手掛ける，いわゆるマルチユーティリティーが存在することが紹介されている。また，水道・下水道事業の垂直統合の程度に関しては，12カ国で垂直統合された上下水道事業として運営されており，4カ国がほぼ垂直統合，2カ国がほぼ垂直分離，2カ国が垂直分離した構造を持つことが紹介されている。このほか，事業者数および平均給水人口も大小さまざまであり，以上の点を踏まえても，それぞれの国において歴史的背景，水道・下水道事業に対する国の政策的な方針等が大きく異なっており，市町村営主義を採用し結果として多数の中小水道・下水道事業が存在している日本は，特に例外というわけではないことが理解されるだろう。

それでは，先行研究において行われた実証分析について**図表3－3**を用いて詳しくみていこう。図表3－3はGuerrini *et al.*［2013］による先行研究のレビューをまとめたものである。

5.1 規模の経済性

図表3－3に示されているとおり，規模の経済性があるとするもの（16件），ないとするもの（8件），あるいは両方（13件）の結果を導出しているものとさまざまである。注意しなければならないのは，採用された関数形によって，たとえば対数線形モデルやコブ＝ダグラス型の費用関数を採用する場合には規模の経済性の値は生産量規模の大小にかかわらず一定の値として導出されるが，

図表3－3 規模の経済性・範囲の経済性の先行研究数

規模の経済性			範囲の経済性					
			あり			なし		
あり	なし	両方	用水-末端	上下水道	マルチ	用水-末端	上下水道	マルチ
16	8	13	6	5	3	1	5	0

(出所) Guerrini *et al.*［2013］Table 1 およびTable 2 をもとに筆者作成。

　それ以外の関数形では先の図表3－1を用いた説明のようにどの生産量規模で評価するのかによって規模の経済性の値は異なってくるということである。また，先行研究によっては単にサンプル平均の点における規模の経済性の計測結果を示すものもあれば，規模の大小によって異なる計測値を示すものもあり，結果として図表3－3に示されるような先行研究の数として示される状況になっているのである。われわれが知るべき情報は，結果としての規模の経済性の有無なのではなく，その結果がどの地域で計測されたものなのか，どのような関数形を用いて推定されたものなのか，さらにはどのような生産量規模において評価された計測結果なのか，これらの点を中心にそれぞれの先行研究の分析の背景についても注意深く掘り下げて検証すべきである。

5.2　範囲の経済性

　範囲の経済性の計測結果についても，採用された分析方法によって結果の見方が変わってくるので注意が必要である。たとえば，先の(12)式で示された費用の補完性を計測した先行研究では，2階微分可能な関数形を用いて導出されており，パラメーターのみで示されるため統計的検定も可能となる。つまり，生産量規模に関係なく範囲の経済性の十分条件である費用の補完性が計測されるため非常にわかりやすい。ただし，規模の大きさや複数生産物の組み合わせの程度に応じて範囲の経済性が異なるかどうかの情報を知りたい場合には，この方法では限界があるといわざるを得ない。一方，(10)式あるいは(11)式で示される方法を採用する場合，これらの情報を詳細に知ることが可能となる。図表3－3ではここまでの情報を知ることはできないが，図表3－3のみから得られる情報を用いて先行研究の結果を整理するならば，用水供給事業と末端給水事業の間の垂直方向の範囲の経済性については，より多くの先行研究が垂直統合の経済的メリットがあるとの結論に至っており，水道・下水道事業の間の垂直方

向の範囲の経済性の計測結果については，全く意見が異なる結果となり現時点では垂直統合の経済的メリットが存在するかどうかは判断できない状況となっている。マルチユーティリティーの水平方向の範囲の経済性の計測結果については，研究の数自体が少ないもののすべての先行研究が範囲の経済性が存在することを明らかにしている。

6 おわりに：上下水道政策における経済学的分析の必要性

本章では，水道・下水道事業分野における実証分析の動向を，規模の経済性および範囲の経済性に焦点を当てながら，分析手法の発展から規模の経済性，範囲の経済性の導出方法，そして先行研究において得られた知見について整理してきた。最終節では，これら実証分析が日本の水道・下水道事業分野の今後の政策的意思決定に果たしうる役割について言及しておこう。

日本の総人口は2010年をピークに減少し始め，国立社会保障・人口問題研究所の2017年推計値によれば50年後には総人口は9,000万人を割り込むと予想されている。今後急激に人口が減少し，少子高齢化が進行する社会環境の激変のなかで，老朽化施設を更新し，自然災害への備えを一層強化しつつ，われわれの日常の生活に最も深くかかわっている水道・下水道インフラを将来にわたっていかに維持していくかは大きな課題となっている。国はその有効な方策として広域化・官民連携の推進等を掲げているが，果たして経済性という面から見てこれらの方策が有効に機能するかどうかについてはいまだ不明な点が多いのが実情であろう。このような状況のなかで，これまで説明してきたような規模の経済性，範囲の経済性の視点からの実証的研究が1つの方向性を示しうるのではないかと考えるのである。

これまでわが国においても先行研究において規模の経済性，範囲の経済性の計測が行われてきた。たとえば，Mizutani and Urakami [2001] では，最適規模として給水人口規模において約76万人という推計結果を示している。また，Urakami [2007] では，浄水部門と配水部門の間における垂直統合の経済性が存在することを明らかにしている。しかし，これらの研究は日本における先駆的な研究として一定の評価を与えられているが，その後の計量経済学的な分析

手法の発展,より詳細なデータベースの利用可能性の拡大などにより,これまでの分析上の問題点を克服し,より精緻な分析が可能となってきていることも事実である。今後は長期パネルデータを用いた規模の経済性の計測により,どの程度までの規模の拡大が経済的メリットを持つのか,つまり最適規模の計測を進めていくとともに,用水供給事業および末端給水事業の間における垂直統合の経済性の計測,さらには水道事業および下水道事業の間における垂直統合の経済性の計測を進めていかなければならないと考えている。

先にも述べたように,人口減少が急激に進行するわが国にあって地方の中小事業者ほど,将来における経営の持続可能性の危機に直面していることは周知のことであろう。規模の拡大あるいは用水供給事業および末端給水事業,あるいは上下水道事業の一体経営による経済性の存在が実証的に明らかにされれば,それらは今後のさらなる広域化・広域連携を推進するための有用な情報となると期待されるのである。

注

1) 研究成果急増の背景には,電子ジャーナルの整備による投稿から掲載までのタイムラグの短縮化,電子ジャーナルそのものの種類の増加,および研究者の競争的な成果発表およびその評価システムの充実化など,さまざまな要因が複合的に影響していることが考えられる。
2) 例えば,熊谷 [2013] を参照。
3) 費用関数が経済学理論と整合性を持つためには,パラメーターに関して以下の4つの条件が必要となる。(1)産出量および投入価格に関する単調増加性の条件,(2)(投入価格に関する)1次同次性の条件,(3)対称性の条件,(4)凹性の条件。詳細は中山・浦上 [2007] を参照のこと。
4) コブ＝ダグラス型の費用関数は(3)式に対して,パラメーターに関して1次同次性の条件 ($\gamma_K + \gamma_L = 1$) を追加したものとなる。
5) トランスログ型の費用関数の詳細については,中山・浦上 [2007] を参照のこと。
6) たとえば,0の代わりにごくごく小さな値を代入したり,変数の値に一律に1を足すなどの簡便法が採用されたり,変数をBox-Cox変換する方法などが採用されてきた。最近ではTriebs et al. [2016] において費用関数の数式全体にダミー変数を適用することで数学的エラーを回避するとともに,異なる技術を同時に扱うことを可能とした新たな分析モデルも開発されている。
7) このほか,コンポジット型の費用関数も存在するが,パラメーターに関して非線形の関数形となるため,推定結果が不安定となる点などが指摘されている。詳しくは浦上 [2011] を参照のこと。

8）コストシェアは合計すると1となるため，実際にはコストシェア式のうち任意の1本を除いて推定が行われる。
9）詳しくは中山・浦上［2007］を参照のこと。また，トランスログ型の費用関数を用いたサンプル平均値以外での規模の経済性の計測，および(5)式のクアドラティック型の費用関数を用いた場合の規模の経済性の計測についてはぜひ読者自身で考えていただきたい。
10）費用の補完性と範囲の経済性の議論に関してはBaumol et al.［1982］を参照のこと。
11）Carvalho et al.［2012］Table 1に詳しくまとめられているが，日本語に翻訳し日本の状況を追加した表については浦上［2016］に掲載されている。

参考文献

浦上拓也［2011］「コンポジット費用関数について」『商経学叢』第58巻，第2号，175-185頁。
浦上拓也［2016］「用水供給事業および末端給水事業の垂直統合の経済性」第3回水道事業の維持・向上に関する専門委員会資料（資料3：浦上委員提出資料）。
http://www.mhlw.go.jp/stf/shingi2/0000128737.html（2017年11月27日閲覧）
熊谷和哉［2013］『水道事業の現在位置と将来』水道産業新聞社。
中山徳良・浦上拓也［2007］「トランスログ型費用関数に関する覚書」名古屋市立大学ディスカッションペーパー，No.479，名古屋市立大学経済学会。
Berg, S. and R. C. Marques [2011] "Quantitative Studies of Water and Sanitation Utilities: A Benchmarking Literature Survey," *Water Policy*, Vol.13, No.5, pp.591-606.
Baumol, W. J., J. C. Panzar and R. D. Willig [1982] *Contestable Markets and the Theory of Industry Structure*, Harcourt Brace Jovanovich, New York.
Carvalho, P., R. C. Marques and S. Berg [2012] "A Meta-regression Analysis of Benchmarking Studies on Water Utilities Market Structure," *Utilities Policy*, Vol.21, pp.40-49.
Guerrini, A., G. Romano and B. Campedelli [2013] "Economies of Scale, Scope, and Density in the Italian Water Sector: A Two-stage Data Envelopment Analysis Approach," *Water Resources Management*, Vol.27, No.13, pp.4559-4578.
Mizutani, F. and T. Urakami [2001] "Identifying Network Density and Scale Economies for Japanese Water Supply Organizations," *Papers in Regional Science*, Vol.80, No.2, pp.211-230.
Saal, D. S., P. Arocena, A. Maziotis and T. Triebs [2013] "Scale and Scope Economies and the Efficient Vertical and Horizontal Configuration of the Water Industry: A Survey of the Literature," *Review of Network Economics*, Vol.12, No.1, pp.93-129.
Tanaka, T. and T. Urakami [2011] "Quantitative Studies of Water and Sewerage Utilities in Japan: A Literature Survey,"『商経学叢』第57巻，第3号，941-954頁。
Triebs, T. P., D. Saal, P. Arocena and S. C. Kumbhakar [2016] "Estimating Economies of Scale and Scope with Flexible Technology," *Journal of Productivity Analysis*, Vol.45, No.2, pp.173-186.
Urakami, T. [2007] "Economies of Vertical Integration in the Japanese Water Supply Industry," *Jahrbuch für Regionalwissenschaft*, Vol.27, No.2, pp.129-141.

第4章
上下水道事業の会計制度

1 上下水道事業と地方公営企業会計制度

　水道事業および下水道事業は，地方公共団体が所有し経営する企業，すなわち地方公営企業（以下，公営企業という）として営まれている。水道事業の会計制度は，複式簿記による地方公営企業会計（以下，公営企業会計という）に拠っている。下水道事業の場合には，単式簿記の官庁会計方式を採用している地方公共団体も一部にあるが，本章では条例により地方公営企業法を適用している団体（いわゆる法適用事業）に対象を限定して説明する。

　このように水道事業と下水道事業は，会計制度の位置づけは異なっていることから，各事業特性に即して勘定科目等を整備しなければならないなど，必ずしも同一に論じられない部分もある。しかしながら，その根幹となる公営企業会計の制度の本質は同じである。そこで以下に，公営企業会計制度の概要と現状の問題点・課題について，特に健全経営の前提となる料金適正化との関係から論じることとする。

1.1　経済的規制と上下水道事業

　上下水道事業は，自然独占性を有する事業であり，水道法，下水道法による規制を受けている。これらの規制政策は市場機構に内在する問題，いわゆる広義の「市場の失敗」を是正する目的で，政府が経済主体（特に企業）の行動に関与する法制度の1つといえる。

　公的規制の1つであり，主に自然独占に対処する政策として，公益事業における参入・退出，料金，投資等の規制政策がある。規制の経済学では，経済的

規制と社会的規制の2つに区分して扱う。そこでは自然独占や情報偏在に対処するための規制を経済的規制と呼び，外部不経済などに対処するための規制を社会的規制という。

経済的規制とは自然独占性や情報の非対称性が存在する分野において，資源配分非効率の発生の防止と利用者の公平利用の確保を主な目的として，企業の参入・退出，料金，サービスの量と質，投資，財務・会計等の行動を許認可等の手段によって規制することをいう。

この経済的規制を経済学的にみれば，一方では生産・配送における規模の経済性，ネットワークの経済性，範囲の経済性，サンクコストの大きさ，資源の希少性等を要因とする自然独占性を有する公益事業において，参入規制によって経済効率性を確保することにある。他方では，企業が独占的市場支配力を行使するのを制限する観点から料金規制を実施し，さらに消費者がサービスを公平に利用できるように企業の差別的な供給を制限することを目的としている[1]。

このような目的を達成するためには，会計データに基づいた客観的な根拠をもとに規制する必要があることから，会計統制が必要とされる。

1.2　会計統制と料金統制

水道は原則として市町村公営原則によって営まれる事業である（水道法第6条）。公共下水道は原則として市町村の事務であるとされる（下水道法第3条）。

水道事業の場合には水道料金による独立採算制であり，公益事業として位置づけられる。下水道事業については「雨水公費・汚水私費」を基礎としている点で，一部に公共事業としての性格を帯びており，純然たる公益事業として位置づけることはできない。しかしながら，下水道サービスの対価の一部として下水道使用料[2]をもって事業を営む点では，公益事業たる水道事業に準じて考えてよい。

この公益事業の統制は，大きく①本質論，②経営形態論，③料金論，④計理論，⑤労働関係論から構成される。それぞれに重要な研究上の論点を有しているが，このうち適正料金の実現を扱う料金論は，その料金原価の基礎を計理論としての地方公営企業会計による計理（計算整理）に求めている。

つまり，不特定多数の住民に対して適正な負担を料金として求めるためには，

料金論と計理論は密接不可分の関係にあり，会計データを前提として料金規制が行われる仕組みとなっているのである。

1.3　総括原価と公営企業会計

水道料金および下水道使用料の料金水準は，基本的には総括原価方式によって決定される。総括原価方式とは，出資者が投資した資本に対する「帰属利子」を会計上の事業費用（固定費と変動費のすべて）に上乗せしたうえで，経済学的な費用の平均を料金として設定しようという考え方である。

この会計上の事業費用の算定は，公営企業会計による「適正な原価」によることとされる（地方公営企業法第21条第2項）。公営企業会計制度の採用は，水道事業（簡易水道事業を除く）は強制適用となるが，下水道事業は条例で定めるところにより，公営企業会計を任意適用できる点で異なっている。

しかしながら，総括原価方式による下水道使用料の適正化の観点からは，下水道事業は公営企業会計制度を適用することが適当である。

1.4　上下水道事業と公営企業会計の問題の所在

民間の企業会計とは異なる会計制度であることから，公営企業会計制度にはいくつかの問題があるが，上下水道事業との関係から，次の3つの問題が特に重要となる。

第1に，公営企業会計制度に内在する問題である。これは企業会計とはいいながら，地方自治制度と密接に結びついた行政技術の1つとして制度設計されてきたことによる問題である。

第2に，公営企業会計制度の改正と料金原価計算との関係である。これは平成26年度に会計制度が変更されたことによって生じた料金原価計算との調和の問題である。

第3に，上下水道施設の老朽化対策や耐震化対策，すなわち施設の再構築と更新財源の確保の問題である。これはアセット・マネジメントの問題であり，投資と財源の関係を考える上での意思決定会計の問題といえる。

本章ではこの3つの問題を扱うが，この検討のためには公営企業の会計制度についての理解が必要となるため，次に民間の企業会計とは大きく異なる点に着目して説明する。

2　公営企業会計制度の概要

2.1　公営企業制度と公営企業の範囲

　公営企業制度は，第2次世界大戦後に，米国型の行政管理手法である「行政と経営の分離」の原則にしたがって制度設計されたものである。国の公営企業として先行した日本国有鉄道事業などの国の3公社に倣い，地方公共団体の営む事業において行政と経営を分離する仕組みとして導入したものであり，公営企業制度は地方自治制度の枠組みの一部となっている。

　地方公営企業法に規定されている公営企業は，①水道事業（簡易水道事業を除く），②工業用水道事業，③軌道事業，④自動車運送事業，⑤鉄道事業，⑥電気事業，⑦ガス事業である。この7事業を法定事業というが，すべてが公益事業であり，公益的公営企業といわれることもある。

　このほか地方公共団体の経営する企業のうち，病院事業に地方公営企業法の財務規定が適用されるとともに，下水道事業などは前述のとおり，条例の定めにより地方公営企業法が適用できることとされている。

　なお現在では，競輪事業，競馬事業，介護サービス事業やCATV事業，観光施設事業などの公益事業とは異なる事業，いわゆる収益的公営企業も公営企業として営まれている。

　公営企業は時代とともに，その適用範囲の拡大がなされているが，これらすべての事業を全体として1つの公営企業会計として会計統制している点で特徴的である。

2.2　公営企業会計の基本構造

　公営企業会計の基本構造は**図表4－1**のとおりである。まず，会計公準にしたがって地方公営企業法第20条第1項で損益計算書を，同条第2項で貸借対照表を適正に作成する。この作成は地方公営企業法施行令（公企令）第9条の会計の原則に従うこととなる。公営企業の会計原則は，真実性の原則，正規の簿記の原則，資本取引と損益取引区分の原則，明瞭性の原則，継続性の原則そして安全性の原則（保守主義の原則）を規定している。

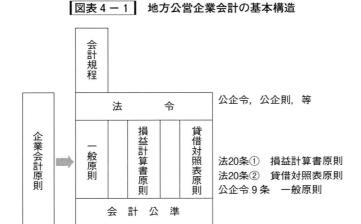

図表4-1　地方公営企業会計の基本構造

(出所)　佐藤裕弥［2012］103頁。

　すなわち公営企業会計制度は民間の企業会計原則を採り入れながらも，地方自治制度の一部として会計に関する法令の明文規定を設け，行政管理の一技術として企業会計を採用したといえる。

　さらに，図表4-1のとおり，法令として地方公営企業法施行令，同施行規則（公企則）等の法令によって計理することになる。これらの法令は公営企業会計制度として，上下水道事業には所与のものとされる。法令を基礎としてその上に会計規程がある。この会計規程は，各公営企業が整備すべきものであり，自動的に会計規程が整備されるわけではない。つまり，会計規程の整備なくしては適正な予算・決算ができないといえる。この会計規程は，公営企業たる水道事業，下水道事業が，それぞれ事業ごとに作成しなければならない。

2.3　予算制度

　公営企業会計制度は昭和27（1952）年10月1日から施行されたものであり，複式簿記による点では民間企業会計と同じであるが，地方自治制度における行政管理の一技術として導入された点で，民間企業会計とは異なる特徴を有している。

　公営企業会計の予算は，地方自治法に基づく一般会計の予算と同様に，次の予算会計原則が適用される。

①会計年度独立の原則(地方自治法第208条第2項)
②総計予算主義の原則(地方自治法第210条)

　このうち会計年度独立の原則とは，各会計年度における歳出は，それぞれの年度の歳入をもってこれに充てなければならないという原則である。これが公営企業にも当てはまることとなるが，この原則を貫くとすれば，かえって不利，不経済となる場合があることから，弾力条項(地方公営企業法第24条第3項)などの例外が認められている。
　総計予算主義の原則とは，一会計年度における一切の収入および支出は，すべてこれを歳入歳出予算に編入しなければならないことをいう。
　公営企業会計は，以上のような地方自治法上の原則を踏まえている点で，一般的には官公庁の予算概念が当てはまる。
　しかしながら公営企業は，地域住民に対する日常の財貨またはサービスを提供する経済活動を通じて，本来の使命である住民福祉の増進を図っていくものである。このサービス等の提供に対し，利用者からその対価としての料金を受けることによって，原価を回収し，さらにサービス等の提供を維持していくという性格を有する。
　こうしたことから会計制度については，企業会計方式を採用するとともに，予算制度についてもその特殊性を考慮した制度が用意されているのである。

2.4　予算制度と決算書

　公営企業会計制度は，昭和23(1948)年の日本国有鉄道法などの会計制度を参考として，官庁会計である単式簿記の予算会計制度に，企業会計原則に基づく企業会計制度を調整し，導入したものである。そのため民間企業のような単なる内部統制のための予算と異なり，議会の議決を経た拘束予算制度が採用されている。公営企業の活動は，原則として予算を変更しない限り，これによって支配され，拘束されることとなっている。
　以上のような予算制度が前提となっていることから，予算に対する決算と会計決算の2本立て決算を行う点で，民間企業会計と著しく異なっている。
　決算に際して作成する決算書は，次の5つとなっている。

①決算報告書
②損益計算書
③剰余金計算書
④剰余金処分計算書
⑤貸借対照表

　このうち①の決算報告書は予算に対する決算であり，これは単式簿記により作成され，消費税は税込処理方式となっている。民間の企業会計では予算制度がないので予算に対する決算は行われていない。そして収益的収入支出を対象とする第3条予算（後述）[3]は発生主義であるが，資本的収入支出を対象とする第4条予算[4]は現金主義によることとなっている。
　②の損益計算書から⑤の貸借対照表までの4つの決算書を財務諸表といい，財務諸表は発生主義の複式簿記による税抜処理の企業会計方式によって作成されている。

2.5　予算制度における第3条予算と第4条予算

　第3条予算は，収益および費用を計上することとなることから，本来第3条予算に計上しなければならないものは，当該事業年度に収入，支出する収益費用のみでなく，その年度に発生した損益取引のすべてである。この中には性質上当該事業年度のみの通常の経営活動に伴う収益および費用と，そうでない特別の損益項目が含まれる。つまり，第3条予算とは決算において損益計算書に計上されることとなる予算といえる。
　これに対して第4条予算は，施設の整備，拡充等の建設改良費，これら建設改良に要する資金としての企業債の収入，現有施設に要した企業債の元金償還等の予定を示すものである。第4条予算の収入および支出は，決算において貸借対照表の科目の増減として示されることとなる予算といえる。
　しかし，貸借対照表勘定に属する取引の予算化については，その取引全部について議決予算の対象とすることは，一般行政の予算に比較しても非常に複雑となるので，その発生する取引中，主として現金支出を必要とするものを資本的支出に計上し，原則として現金収入が予定されるものを資本的収入に計上し，予算計上項目を限定することによって，予算内容の明確化が図られている。

この結果，第3条予算には現金支出を伴わないものも計上されるのに対して，第4条予算では原則としては，現金の動きを伴うもののみが計上されることになる。すなわち，第4条予算は資金収支の性格を持つ[5]ことから，現金主義によることとなっている。この点は，民間の企業会計と著しく異なる点である。

公営企業会計の制度創設にあたっては，このような単式簿記の予算制度と，発生主義，複式簿記の財務諸表とをどのように調整するのかが最大の問題であった。その当時の代表的な公営企業として考えられていた水道事業においては，通常，第3条予算は黒字となり，第4条予算が赤字になることから，現金主義による第4条予算の資金赤字を，第3条予算の発生主義に基づく黒字と非現金支出費用によって補塡するという，いわゆる「補塡財源制」を導入して調整することとされ，現在に至っている。

2.6　補塡財源制

補塡財源制とは，予算様式第4条[6]の括弧書きの「資本的収入額が資本的支出額に対して不足する額何千円は，……で補てんするものとする」との文言表記をいう。

具体的には，第4条予算における資本的収入が資本的支出に対して不足することから資金赤字となるが，その不足相当額は第3条予算の収益的収支から振替によって（図表4－2の下水道事業会計の例では，減価償却費等の非現金支出費用と当年度純利益によって）補塡している状態を文言によって説明していることを指す。

このような予算・決算制は，民間の企業会計にはみられない，公営企業会計特有の制度である。

2.7　当年度純利益と公共的必要余剰の理論

地域独占の上下水道は料金統制が行われる規制料金となっているが，その前提となる原価データは公営企業会計に求めることとなっているため，会計統制が不可欠となる。特に料金が地方議会の議決によって決定される水道料金，下水道使用料の場合には健全な運営を確保することが料金決定の前提となる。公益事業においては，適正利潤を総括原価に算入することが経営を持続していくために必要とされる。

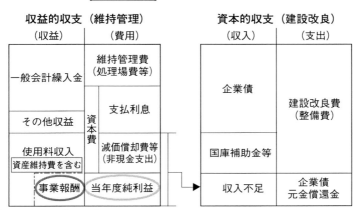

(出所）佐藤裕弥［2012］131頁。

　しかし，公営企業として営まれる場合には，その自己資本は地方公共団体の出資で賄われる。そのため時として，議会などにおいて適正利潤は必要ではないという意見が主張されることがある。特に歴史的にみた場合，水道施設の拡張の時代や下水道施設の建設の時代には，適正な利潤に相当するものを否定する考えがみられた。

　ところが，人口減少社会の到来とともに，上下水道の施設の老朽化の更新や耐震化の推進などと関係して，適正利潤の必要性があらためて議論される機運が高まってきている。この議論は経済学上の費用としての事業報酬をめぐる議論と結びついている。

　公営企業における事業報酬（図表4－2では資産維持費[7]）とは，提供するサービスを継続していくために必要とされる内部留保資金の意味合いを有する。しかしながら，この事業報酬は会計上の費用として認められないものである。その結果，決算書上では当年度純利益として計上されることとなる。

　そうしたことから，実際の水道料金，下水道使用料において一方では，当年度純利益を計上しながら，他方では今後の当年度純利益を得るために料金改定を行う場合には反対が生じやすい。そのため実務上は，当年度純損失として赤字決算となってから料金値上げをするほうが利用者の理解を得やすいこととなり，会計決算が赤字になるまで料金適正化が先送りされる，という現実がある。

このことは公営企業会計の仕組みの理解が不十分であることに起因している。

公営企業会計は補塡財源制を採用しているが，当年度純利益の計上が不足している場合や赤字決算となった場合には，その金額相当額だけ補塡財源が不足する状況となる。すなわち，経済学上の費用としての事業報酬とは，会計決算における当年度純利益として計上されるべきものであり，この当年度純利益は第4条予算の資金赤字の補塡財源として，資本的支出の財源に充てられるものであるから，当年度純利益の不足や赤字決算は，健全な経営を危うくすることとなる。上下水道事業の資本的支出の太宗は建設改良費と企業債償還金であることから，当年度純利益とは，施設整備に充てられる財源であるとともに，過去に起債によって調達した企業債の償還財源であり，常に黒字決算が適当とされることとなる。

このような考え方は「公共的必要余剰の理論」として説明される[8]。これは公共企業体の料金決定原則において主張された理論であり，上下水道事業においても当てはまるものである。すなわち，「公正な料金は，狭義の経営原価を補償するだけでなく，公共企業体の合理的経営に必要な公共的必要余剰を含む広義の原価を補償するものでなければならない。ここにいう公共的必要余剰は，資本拠出者に分配される利潤ではなくて，公共企業体の提供するサービスの改善及び拡充に対する社会的要請に応えうるために，企業体内部に再投資されなければならない資本造成の資源としての余剰」[9]と説明されるものである。

公共的必要余剰の理論が示唆しているのは，公営企業会計も民間の企業会計も同じく損益計算書を作成するが，そこに計上された当年度純利益の意味と性質が民間企業と大きく異なっている，ということである。このことは昭和27（1952）年に創設された公営企業会計制度における補塡財源制度を理論化したものともいえよう。

3 公営企業会計の制度改正と新公営企業会計基準の適用

3.1 公営企業会計の基本的考え方と新地方公営企業会計基準

公営企業会計の制度改正が行われ，平成26（2014）年度より新公営企業会計基準が適用され，予算・決算が大きく変わることとなった。

そもそも昭和27（1952）年の公営企業会計制度が制定された時点では，地方自治の一部としての行政管理手法を予定して，事業別会計を採用することなく，地方公共団体が営むすべての公営企業を1つの会計制度で統制することとされた。次に昭和41（1966）年には，予算制度との調整，料金原価の範囲，料金算定内容を考慮した改正が行われた。

ところが，平成26（2014）年度改正では国際会計基準との調和を図り，民間の企業会計基準を最大限に採り入れることを前提として改正されたことから，公営企業会計に求める思想が転換したともいえることとなった。

3.1.1　資本剰余金の見直し

公営企業会計は，昭和27（1952）年の制度創設時から予算制度との調整を図るため，国庫補助金を「資本的収入」として第4条予算に計上し，貸借対照表では資本剰余金として計理することにした。

民間企業会計では，企業会計原則上，資本剰余金は株式払込剰余金，合併差益等，「資本取引」から発生する剰余金に限られている（企業会計原則注解，注19）。したがって，国庫補助金は利益剰余金となり，税務会計でも課税所得となっている。そこで民間企業の会計実務としては「圧縮記帳」によって課税を免れることになっている。

公営企業会計では，圧縮記帳を認めず，新公営企業会計基準の見直しにより，資本剰余金を利益剰余金として計理することになった。これは繰延収益としての長期前受金の計上であり，「その他未処分利益剰余金変動額」の計上である。

上下水道事業会計における国庫補助金は，利益剰余金であるという民間企業会計の処理では第3条予算の執行となり，予算制度との調整不十分の批判を受けることになる。国庫補助金の取扱いの改正により赤字の下水道事業はないということになる（3.2.3参照）。

元来，公営企業会計は予算制度との関係もあって，「二重会計」（ダブルアカウンティング）になっている。固定資産の取得は，第4条予算の資本的支出である建設改良費で執行し，さらに第3条予算の収益的支出である減価償却費で執行することになっている。そして固定資産の取得のための国庫補助金は，第4条予算の資本的収入である繰延収益の長期前受金で執行し，さらに第3条予算の収益的収入，営業外収益の長期前受金戻入で執行することになっている。

このような会計処理は民間企業会計では考えられない。

3.1.2 資本剰余金の見直しと今後の課題

　今後の課題としては，国庫補助金を利益剰余金ではないとするための予算経理の仕方をどうするかということである。

　公共事業に属する固定資産取得のための国庫補助金は，一般会計の歳入歳出予算を経由させることとし，地方公営企業法第17条の２の経費の負担区分の原則により，一般会計から上下水道事業会計へ繰出し，繰入資本金とする方法が考えられる。

　資本剰余金であった国庫補助金は，一般会計の歳入予算に計上し，上下水道事業会計には繰出金として一般会計の歳出予算に計上する方法である。上下水道事業会計は，第４条予算の資本的収入に「一般会計出資金」として計上し，貸借対照表には資本の部に「繰入資本金」として計理することとなる。

　国庫補助金は，今回の見直しにより，企業会計上は企業会計原則のとおり利益剰余金となった。しかし，上下水道事業会計が採用している予算会計上は，固定資産取得のための財源として資本的収入として計理する必要がある。この点については，予算制度のない民間企業会計と，予算制度を伴った公営企業会計の要調整点の１つであるといえよう。

3.2　公営企業の減価償却費

3.2.1　みなし償却制度

　平成25（2013）年度まで採用されてきた「みなし償却」（旧地方公営企業法施行規則第８条第４項）とは，補助金等で取得した資産の減価償却の特例として採用されてきた制度である。すなわちその要点は，①補助金，負担金等で取得した固定資産の減価償却費は，②当該固定資産の取得のために充てた補助金等の金額に相当する金額を控除した金額を帳簿原価とみなして，③減価償却額を算出することができる，という任意適用の規定であった。

　みなし償却を採用した場合，貸借対照表上では，補助金相当額が減価償却されないため，資産価値の実態を適切に表示できないという問題が生じていたことなどから，みなし償却制度は平成25（2013）年度決算をもって廃止された。

3.2.2 「フル償却-長期前受金戻入」制度

平成26(2014)年度から,補助金等をもって取得した場合には,補助金等の受け入れ時点でその全額を「繰延収益-長期前受金」として計上するとともに,取得した固定資産については原則通り対象固定資産の全額を減価償却費として計上する方式(フル償却)にあらためられた。

毎事業年度の減価償却に併せて,毎事業年度ごとに「営業外収益-長期前受金戻入」が計上されることとされた。つまり,減価償却費の補助金相当見合い分を,順次収益化する措置がとられたといえる。

3.2.3 減価償却制度の改正による影響

S市下水道事業会計は,平成19(2007)年4月1日に地方公営企業法の法適用企業に移行し,平成19(2007)年度より地方公営企業会計として決算を行ってきた。S市は平成25(2013)年度決算まで一度として黒字決算となったこと

図表4-3 S市公共下水道事業の要約損益計算書

(単位:千円)

	平成25年度 旧会計基準(A)	平成26年度 新会計基準(B)	新会計のインパクト 増減額=(B)-(A)
営業収益	3,530,946	3,513,790	▲ 17,156
うち下水道使用料	3,462,522	3,434,791	▲ 27,731
営業費用	5,811,597	6,009,308	197,711
うち減価償却費	3,956,493	3,895,927	▲ 60,566
営業利益	▲ 2,280,651	▲ 2,495,518	▲ 214,867
営業外収益	2,807,249	4,403,174	1,595,925
うち長期前受金戻入	0	1,590,319	1,590,319
営業外費用	1,229,197	1,158,290	▲ 70,907
経常利益	702,599	749,366	1,451,965
特別利益	4,980	134	▲ 4,846
特別損失	31,421	215,593	184,172
当年度純利益	▲ 729,040	533,907	1,262,947
前年度繰越利益	▲ 5,442,571	▲ 6,171,611	▲ 729,040
その他未処分利益剰余金変動額	0	12,261,294	12,261,294
当年度未処分利益剰余金	▲ 6,171,611	6,623,590	12,795,201

(出所)S市提供の決算書をもとに筆者作成。

がなく，その当年度未処分利益剰余金（累積欠損金）の額は▲61億7,161万1,000円に達していた（**図表4－3**）。

ところがS市は新会計基準を適用した平成26（2014）年度決算では，当年度純利益5億3,390万7,000円を計上するとともに，その他未処分利益剰余金変動額122億6,129万4,000円を計上し，最終的には当年度未処分利益剰余金66億2,359万円となった。

その結果，平成25（2013）年度末に有していた当年度未処分利益剰余金▲61億7,161万1,000円はすべて解消されることとなった。

新会計基準の影響が顕著に現れているのが，S市の事例でみた営業外収益－長期前受金戻入および，その他未処分利益剰余金変動額の影響である。

このうちその他未処分利益剰余金変動額とは，補助金等により取得した固定資産の減価償却費の計上額について，平成25（2013）年度までに計上済の減価償却を過去に遡及して再計算することによって新会計基準に置き換えた場合の差額調整である。つまり，平成26（2014）年度決算に最も大きな影響を与えた改正が，補助金等で取得した固定資産の減価償却の取り扱い，すなわち営業外収益－長期前受金戻入による会計方式が導入された点にあるといえる。

なお，この長期前受金戻入は営業外収益ではあるが，現金収入を伴わない収益である。つまりS市の場合には，平成26（2014）年度に計上された長期前受金戻入15億9,031万9,000円とその他未処分利益剰余金変動額122億6,129万4,000円の合計額である138億5,161万3,000円が損益計算書上において収益と認識されているが，手元の現金預金の増加には一切結びついていないものである。

このようなことから，減価償却という会計手続きが料金原価を通じて料金改定に影響する上下水道事業においては，決算値における原価と料金原価計算における原価概念が公営企業会計の制度改正前後で異なってきており，あらためて会計統制と料金統制の関係が問題とされてきている。

4　公営企業会計制度の問題点と今後のあり方

4.1　公営企業会計制度に内在する問題

公営企業会計制度は，予算制度を伴った会計であり，予算は議会の議決を要

する。予算は前事業年度の実績を基礎として翌事業年度に予測される要因（物価変動等）を加味して作成されることが一般的であることから，節約するインセンティブが働きにくい。さらに予算は単年度主義であるので，すべて執行することが慣例となっている。こうしたことから硬直的な予算・決算制度とならざるを得ないという点で，非効率性の発生要因[10]の１つとして問題視されている。

さらに，これまで多岐にわたる公営企業の事業を，会計上はすべて１つの公営企業会計制度として規制していることから事業特性を反映しにくい点で問題がある。水道，下水道は提供するサービスの性質が一部に異なる点があることから，各事業に即した会計統制，すなわち事業別会計の導入も検討する余地があると考えられる。

少なくとも，合理的な会計統制を行うためには，適正な予算・決算の前提となる勘定科目表の見直しが必要である。

4.2　公営企業会計制度の改正と料金原価計算および地方自治

平成26（2014）年度から適用された新公営企業会計基準が，実際の決算書に与えた影響は図表４－３で説明したとおりである。公営企業会計制度は国の公会計制度改革として実施されたものであるが，水道料金，下水道使用料の改定は地方議会の議決によって決定される仕組みとなっている。

水道料金，下水道使用料の料金原価計算は会計情報を基礎として実施することとなるが，減価償却費を例として説明したとおり，公営企業会計制度の改正により，その会計数値に著しい変動がみられる。したがって，会計制度の改正に合わせた水道料金，下水道使用料の算定が必須となる。

たしかに水道料金や下水道使用料の算定要領は存在しているが，これらの要領には法的拘束力がない。そのため上下水道事業の経営と料金の問題は，地方議会という政治の場において，地方自治の観点を含めて議論されなければならないことから，合理的な公益事業規制という点では問題を有している。

4.3　施設再構築の財源確保とアセット・マネジメント

水道，下水道の施設の老朽化，地震対策としての耐震化の推進が急務となっている。そこでは計画的，規則的な施設の更新のためのアセット・マネジメン

ト（資産管理）が重要となる。このアセット・マネジメントを支えるのが公営企業会計である。

　水道，下水道におけるアセット・マネジメントとは，中長期的財政収支に基づいて施設の更新等を計画的に実行することによって持続可能な上下水道を実現していくことを目的として，上下水道事業者が長期的な視点に立って，施設のライフサイクル全体にわたって効率的かつ効果的に施設の管理・運営をすることである。これらを組織的に実践する活動の重要性が高まっている。

　そもそもアセットとは，狭義には貸借対照表における資産（assets）を指す。水道，下水道は施設という資産の管理・運営にかかわる以上，アセット・マネジメントの導入が必須となるが，そこでは計画的・規則的な施設の更新を実施するための裏づけとなる会計情報と結びつけてアセット・マネジメント計画を策定する必要がある。

　そのためには上下水道事業に関係する職員等は公営企業会計制度の基礎的理解が不可欠といえる。水道，下水道の本質は施設全体のネットワークの維持にあるが，施設は時間の経過とともに老朽化することとなり，将来いつか必ず更新が必要となる。施設更新計画は事業計画の一部を構成するが，これは財政計画すなわち会計情報を根拠とすることによってはじめて実効性を有することとなる。

　しかしながら，事業計画と財政計画が連関したアセット・マネジメントの策定と運用が実現できている上下水道事業は一部に過ぎない。そのため実効性のあるアセット・マネジメントの策定と運用が今後の重要な取り組み課題となるといえる。

　要するに，公営企業会計制度は，上下水道の事業統制や地方自治，料金適正化，アセット・マネジメントを支える仕組みとして，重要な役割を担っているのである。

　注

1）植草益［2000］24-25頁。
2）水道料金は私法上の債権であり，下水道使用料は公法上の債権であることから，厳密には異なる概念であるが，合理的な経営管理の点からは区分する必要性が低いことから，本

章では両者を一括して料金の概念として扱う。
3） 地方公営企業法施行規則別記第一号（第四十五条関係）第 3 条を指す。
4） 地方公営企業法施行規則別記第一号（第四十五条関係）第 4 条を指す。
5） 地方公営企業制度研究会編［2017］283-284頁。
6） 地方公営企業法施行規則別記第一号（第四十五条関係）第 4 条。
7） 資産維持費とは，水道事業および下水道事業が料金算定の際に料金原価に算入している経済学上の費用であり，事業報酬に相当するものである。
8） 竹中龍雄・北久一［1970］229頁。
9） 日本国有鉄道会計及び財務基本問題調査会［1965］37-38頁。
10） 植草益［2000］256-257頁。

参考文献

植草益［2000］『公的規制の経済学』NTT出版。
佐藤裕弥［2012］『新地方公営企業会計制度はやわかりガイド』ぎょうせい。
竹中龍雄・北久一［1970］『公企業・公益企業経営論』丸善。
地方公営企業制度研究会編［2017］『公営企業の経理の手引（29)』地方財務協会。
日本国有鉄道会計及び財務基本問題調査会［1965］「日本国有鉄道会計及び財務基本問題調査会答申」。

第5章

水道のPPP：
群馬東部水道企業団のケーススタディ

1　はじめに：分析手法と対象の選定

　本章では，水道事業におけるPPP（Public-Private Partnership：官民連携）の事例として群馬東部水道企業団の事例を紹介する。わが国では水道事業の諸問題に関して，広域化と官民連携という大きく2つのアプローチを用いて取り組んでいる。とりわけ，群馬東部水道企業団は，その構成者の太田市や館林市をはじめ，この官民連携・広域化の先進的な事例であるといえる。本章では，その先進的な取り組みを紹介するとともに，この群馬東部水道企業団に対する経済的な分析を行う。上下水道事業において，重要な経済学的視点は第3章で取りまとめられているが，そのような特性を分析するためには一定のサンプルサイズが必要となる。一方で，群馬東部水道企業団は発足したのが2016年4月であり，統計的なサンプルも十分ではないため，生産性フロンティアというより広い効率性の概念を分析するデータ包絡分析（Data Envelopment Analysis）を行う。

2　水道事業の課題と官民連携

　厚生労働省は現在の水道事業における課題として，①増大する設備更新需要，②管路の耐震化などの災害対応，③人口減少等に伴う有収水量の減少，④職員数の減少，⑤独立採算性の維持可能性，を挙げている。設備更新需要については，1998年前後では，設備投資額は約1兆8,000億円に上っており，これは2008年の9,500億円の2倍程度にあたる。また，水道施設の改良事業費は2006

年から2010年の間で年間約6,000億円となっている。この設備投資不足に伴い，悪化しているもう１つの指標が管路経年化率と管路更新率である。経年化率は2006年の約８％から2012年の約16％と大幅に上昇しており，また更新率は2001年の1.54％から2012年の0.76％と大幅に落ち込んでいる。厚生労働省も更新率0.76％で試算すると，すべての管路が更新されるのに130年という法定耐用年数40年の３倍以上の時間がかかるとし，このことは管路についてネットワークの維持が難しくなっていることを示唆している。また，2013年の東日本大震災，およびごく短期間で震度７を２回計測した2016年の熊本地震などから，「止まらない水道」を実現するために，耐震化という新しい公共性が要求されるようになってきている。しかし，2012年から2013年までの各設備の耐震化状況をみると，基幹管路の耐震化適合率は33.5％から36％，浄水設備は21.4％から23.4％，配水池は44.5％から49.7％とどの設備も半分の割合も耐震化が進んでおらず，基幹管路および浄水設備に関しては年間１％も普及していない状況であり，こちらもすべての設備が耐震化するまで長い期間を要すると予想される。次いで，有収水量の減少であるが，人口減少社会が進むなかで，さらにトイレなど生活用水の節水技術の向上などによって，有収水量は人口減少以上に急激に減少することが予測される。職員の減少に関しては，1980年から2010年で約３割減少した。また，職員の高齢化も深刻になっており，10年以内には約４割の職員が退職を迎えるという数値も出ている。独立採算性の問題については，長年，供給原価が給水単価を上回っているという問題がある。

2.1　水道事業における官民連携

　水道事業におけるこのような問題に対する取り組みが水道広域化および官民連携である。わが国での水道事業における官民連携の考え方をまとめたものとして厚生労働省［2014c］「水道事業における官民連携に関する手引き」を挙げることができる。官民連携において民間関与の度合い順に，個別委託（従来型業務委託），第三者委託，PFI，指定管理者制度，完全民営化に分類している（**図表５－１**）。

　各々の手法の概略を述べていくと，まず，個別委託は通常，単年度契約で民間事業者に水道業務の一部を委託するものである。

　第三者委託は，水道法第24条の３に基づき水道管理に関する技術上の業務を

図表5-1　水道事業における官民連携制度

	第三者委託	PFI	指定管理者制度
概要	水道法上の責任を負う水道の管理に関する技術上の業務の委託	民間資金によって公的施設を整備する制度	公的施設を民間事業者等が利用できるようにする制度
目的	技術の継承・維持・補完 性能発注による競争効果	費用効率化（設備投資） 費用効率化（ランニングコスト） 性能発注による競争効果	費用効率化（ランニングコスト）
特徴	「水道法上の責任を果たすような」業務の一括委託	運営権の設定 VFMの算定	公権力の実施に係る権限を指定管理者に実施させる
契約期間	3～5年	15年～30年	

（出所）厚生労働省［2014c］をもとに筆者作成。

図表5-2　PFI方式の分類

	BOO	BTO	BOT	公共施設等運営権制度
民間委託の関与の程度	建設（Build） 所有（Own） 運営（Operate）	建設（Build） 移転（Transfer） 運営（Operate）	建設（Build） 運営（Operate） 移転（Transfer）	水道事業者としての活動 （厚生労働大臣による認可，水道法6条）
特徴	一般的に事業後に施設の撤去を民間事業者が行う	民間事業者が施設を整備した後に公的主体が施設を所有	民間事業者が施設を整備・運営して投下資金を回収した後，公的主体に施設を移管	同一給水区域での事業の禁止（水道法8条） 地方自治体の事業廃止（水道法11条）
適用事例	常用発電事業	排水処理事業 水処理事業		

（出所）厚生労働省［2014c］をもとに筆者作成。

委託するものである。水道法上の責任を負うために必要な業務の一括移転を想定しており，たとえば，浄水場設備の維持・管理・保守，および運営といったことも考えられている。ここでの業務の一括移転は，公的主体と委託先の責任を明確にできるような業務の画定が前提になる。第三者委託ができる相手として，水道事業者，水道用水供給事業者，または水道管理に関する技術上の業務の一部または全部を適正かつ確実に実施できる事業者で，政令で定める要件に該当する者であるとしている。また，水道管理に関する技術上の業務を担当させるため，受託水道の常勤技術管理者を1人置くことが要件とされ，第三者委

託をした場合には，当該水道事業者は厚生労働大臣または都道府県知事に届け出を行うこととなっている。

　わが国におけるPFI方式は「民間資金等の活用による公共施設等の整備等の促進に関する法律（以下，PFI法という）」に基づいて実施されている。PFI法の目的はその第1条によれば，民間の資金，経営能力および技術的能力を活用することにより，効率的かつ効果的に社会資本を整備し，国民に低廉かつ良好なサービスを提供することとしている。PFIの具体的な方式としては，BOT（Build Operate Transfer），BTO（Build Transfer Operate），BOO（Build Operate Own），公共施設等運営権制度（コンセッション）などが挙げられる（**図表5－2**）。これらは主に民間関与のあり方により分類されており，たとえば，BOTは民間事業者が設備の整備を行い，その設備を利用した運営を行った後，契約が満了すればその設備の所有権を公的主体へ移譲する方式である。

　指定管理者制度とは，地方自治上の「公の施設」について，地方公共団体から指定を受けた指定管理者が管理を代行することができる制度である。「公の施設」は地方自治法第244条で，「地方公共団体が住民の福祉を増進する目的をもってその利用に供するための施設」と定義されている。ここで呼ばれる指定管理者の範囲については，特段の制限は設けられておらず，議会の承認を得ることによって民間事業者を指定管理者とすることも可能となっている。そのため，従来から地方自治体が持っている水道施設について，指定管理者制度を利用することによって，民間事業者が整備することが可能となっている。

　これらの官民連携の手法の効果を考えるとき，重要となる視点は①「包括委託をどの範囲まで行うのか」，②「リスクおよび責任をどのように配分するか」にあるといえよう。たとえばPFI方式は，個別業務委託と比べて施設の設計・運営・整備を一体として委託することで，設備のライフサイクルコストの最小化を実現することを目的としている。

　その一方で，水道事業は生活必需財であり，また公衆衛生に高い影響を及ぼすという意味で，競争環境下にある民間事業者の費用最小化行動となじむものではない。こういった側面から地方自治体が水道法上の責任を負っており，「公の施設」の管理を行っている。現在，地方自治体が行っている水道サービスは適正な水準で供給されることが最も重要な項目であり，これは官民連携によって，水道サービスに民間事業者が関与することになっても同様に守られる

べき公準である。

3 群馬東部水道企業団の事例

　これまで，水道事業の官民連携に関連するわが国の制度を概観してきた。ここでは，水道広域化の先駆的な事例である群馬東部水道企業団を紹介する。群馬東部水道企業団は群馬県内の太田市，館林市，みどり市，板倉町，明和町，千代田町，大泉町，邑楽町の3市5町で構成される企業団である。その中で特に太田市は水道法が改正された2002年から，民間への第三者委託を利用しており，これは第三者委託制度の第1号でもある。このような太田市の先進的な取り組みにけん引される形で，2008年館林市も第三者委託を活用するなど，積極的に官民連携手法を活用しているのが群馬東部水道企業団である。また，官民連携において重要な点は「包括委託の範囲を画定することである」ことを述べたが，群馬東部水道企業団はまさに業務をより広い範囲で包括するための，いわゆる水道広域化政策である。この水道広域化政策と官民連携をいかにベストミックスするかは，水道企業において非常に重要なテーマとなっている。そのため，この群馬東部水道企業団の事例を紹介することで，水道事業における官民連携手法の有効性を検討していくことにする。

3.1　群馬東部水道企業団の経緯

　群馬東部水道企業団は「広域化」および「事業統合」を行うことによって人口減少や老朽設備の更新投資といった課題に取り組んでいる。群馬東部水道企業団［2016］の水道事業年報によると，この「広域化」の下地としては，1981年から始まる「両毛地域水道事業管理者協議会」の存在があった。この協議会は太田市，桐生市，館林市，みどり市，足利市，佐野市の6市で構成されており，災害応援協定の締結や，災害用水道管の接続などについて実務的なレベルでの定期的な会議を行っていた。このような下地をもとに事務レベルでの研究会を重ね，2011年には経済産業省の「地域経済活性化のための公営水道事業における官民連携の推進支援」のモデル地域となり，広域化および官民連携が推進することとなった。

　その後，2012年5月に構成団体首長会議で広域化推進の合意が得られ，同年

7月に広域化研究会が設立された。2013年7月には広域化を推進するための「群馬東部水道広域化基本構想」（以下，基本構想という）が策定され，同年9月に具体的な施設整備計画と財政計画を定めた「群馬東部水道広域化基本計画」（以下，基本計画という）が策定されることなった。そして，2015年に各構成団体の議会において企業団規約が承認され，同年10月に群馬県知事より企業団設立許可を受け，群馬東部水道企業団が発足することとなった。

ここでは，特に群馬東部水道企業団の活動方針としての「基本構想」および「基本計画」についてその概要を紹介する。

3.2 群馬東部水道企業団の広域化概要

群馬東部における水道広域化については3市5町が「基本構想」および「基本計画」として詳細に取りまとめている。ここでは，この2つの資料に基づきその概観を述べる。

まず，基本構想および基本計画では，中長期的な課題として次を挙げている。

①水需要動向

総人口は，2024年度までに，4.1%の減少を見込んでいる。それに伴い1日平均水量は2024年度までに8.4%減少することが予想される。

②水源・水質

使用量実績から，現行で浄水能力に余力がある。⇒将来的な維持管理コストを考慮して施設の統廃合を行う必要がある。

③水道施設

全体的に浄配水設備の経年化が顕著であるため，計画的な更新が必要である。全国平均に比して管路の経年化が進んでおり，配水形態を考慮した更新が必要である。

④中期的な更新需要の見通し

老朽化した資産の更新需要は将来にわたって経年的に増加し，2011年度の建築改良費の2～8倍となる。そのため，現行の投資水準では更新需要を賄うことができない。

⑤経営状況

現在の経営状況はおおむね良好であるが，給水人口および給水量の減少，

老朽化した水道施設の更新費用の発生に伴い，給水原価は大幅に上昇する。計画的に水道施設の更新を進めるには，統廃合などによる施設の再構築や更新計画の策定，延命化（長寿命化）のための修繕および維持管理の取り組みが重要である。

またこれに加えて，3市5町の間で管理水準やサービス水準に格差があり，これが安定供給や持続的な経営の課題となっている。格差が顕著であるものとして，①危機管理体制，②技術水準の確保，③サービス水準の差を取り上げている。これらの管理体制の課題に対して，将来的に次の視点から検討を行っている。

①事業統廃合に伴って，地域内のサービス格差をなくし均一化を図るとともにサービス品質の向上をさせる必要性がある。
②事業統廃合後は，広域化促進事業が開始され，それに伴い当面の管工事量が増大するために，それらに対処する必要がある。
③事業の効率的な実施を目的とした組織体制を検討するとともに，職員が直営で実施する業務（コア業務）と委託によって包括的に対処する業務（準コア業務）の位置付けを整理する。

このように，群馬東部広域化については，その課題を経済環境に起因する課題（水需要状況，水源・水質，水道施設，中長期的な更新需要の見通し，経営状況）と管理体制の課題の2つに分類して取り組んでいるといえる。

次に，これらの課題に対応した具体的な広域化方針をみていく。基本計画をみると，まず経済環境に起因する課題に対するアプローチとしては，包括的な事業計画の策定とその事業計画に基づく効率的な①施設整備，②施設更新，③管路更新の実施という形で行っていると解釈できる。これは，広域化により3市5町を仮想的に1つの事業者と考えることによって，上記の各課題に関連するインフラ整備について，まず必要な事業を列挙し，それに適切な優先順位をつけることで効率的な水道ネットワークの形成を目指している。またこれらの各インフラ整備計画について事業費を推計することによって，広域化の効果を費用削減という点から明確になるようにしている。

まず設備整備の内容をみていくと，具体的な内容として11事業を挙げているが，このうちの8個が浄水施設の統廃合に関連するものである。これは3市5町による広域化の効果として浄水施設の効率的な活用による効果が一番高く期待されていることを示している。残りの3つは受水施設，および受水施設をつなぐ配水施設の整備に関連するものとなっている。

次に施設更新に関しては，事業計画が存在する自治体（太田市，館林市，みどり市，大泉町）については既存の事業計画に基づいて施設更新を行い，事業計画が存在しない自治体（板倉町，明和町，千代田町，邑楽町）については，浄水施設の統廃合を考慮して，浄水施設を中心とした設備更新を実施している。

最後に管路更新の実施の内容についてみる。更新対象となる管路の基準として水質の確保向上については日本水道協会［2005］の「水道施設更新指針」を参考にしている。また耐震性の向上については財団法人水道技術研究センター［2008］の「水道の耐震化計画などの策定指針の解説」を参考にしている。基本構想では両資料に共通するキーワードとして管種，経過年数，重要度を取り上げ，この3つの基準から更新の対象となる管路の順位付けを行っている。

これまでは経済環境に関する課題への取り組みであったが，次に管理体制に関する課題への取り組みをみていく。管理体制の課題に対する取り組みとしては民間委託を中心としたアプローチを採用している。内容としては水道事業に関連する業務を細分化した後に職員の減少を前提とした技術継承の持続性，および公共性の確保の観点から各事業をコア業務と準コア業務とに分け，準コア業務に関しては民間に包括的委託をすることとしている。このように民間の活力を利用することによって持続可能な管理体制の構築を目指している。

群馬県東部3市5町はこのような方向性をもって広域化に取り組んでいるが，その広域化インセンティブとして国庫補助制度を活用している。2015年度から2024年度の広域化に関連する事業を対象とする国庫補助制度があり，国庫補助対象事業費約293億円に対して国庫補助金の上限として98億円を計上している。この金額は基本計画で算定している広域化による費用削減効果25億円の拠出する大きな要因の1つとなっており，群馬東部広域化は国庫補助制度に主導される政策であるといえる。

最後になるが，群馬東部水道企業団はこのような広域化に関する事業を「群馬東部水道企業団事業運営及び拡張工事等包括事業」として，株式会社群馬東

部水道サービスに2017年4月1日から2025年3月31日までの包括委託契約を行っている。その業務内容は，①浄水場および関連施設管理業務，②管路施設維持管理業務，③給水装置関連業務，④水道料金徴収業務，⑤水道事務管理業務，⑥老朽施設更新工事，⑦老朽管路更新設計および工事管理，⑧施設再構築工事，⑨管路再構築工事と非常に広範囲にわたる業務の包括委託を行っている。今後は，このような広域的な包括委託がどれほどの効果をもたらすかが注視されよう。

3.3 3市5町における官民連携の効果分析

ここでは，3市5町における官民連携の効果について，簡単な分析を行う。群馬東部水道企業団は2016年に発足しており，企業団としての活動時期も短くそのサンプルサイズが十分でないため統計的な分析がまだ困難な状況となっている。そのため，群馬東部水道企業団の前身である3市5町における官民連携制度の活用のギャップを比較することによって，官民連携制度の有効性について簡単な分析を行う。具体的には統計的な処理を必要としないデータ包絡分析（Deta Envelopment Analysis：DEA）を用いて分析する。

分析を進める前に，事業においての効率化について特に経済学的な観点から整理を行う[1]。ある事業者の経済活動が効率化したという考え方の最も単純なものは，一定の生産をより少ない資源投入で実現できるというものであろう。**図表5－3**でそれをみてみよう。図表5－3の太曲線は，一定の生産を行うための投入財の組み合わせを表したいわゆる等生産量曲線と呼ばれるものである。この曲線が左下にシフトした場合，より少ない労働投入，資本投入で同一の生産を行うことができるようになる。経済学ではこのシフトの存在を確認することによって効率性を分析することとなる。

今回のDEAでこのことを端的に言えば，この効率性をアウトプットとインプットの比率によって捉えようという考え方である。最も単純なケースとして1財投入1財生産の事業を考える。このとき，投入1単位当たりに対する生産量が高い意思決定主体（Decision Making Units：DMUs）であると考えることは自然である。ここで投入財と生産財が複数である場合にも，その投入財と生産財を代表するような数値を1つ定めることができれば（つまりOCとODといった1次元でその数値を比較できれば），その比率を考えることによって1

図表5－3 効率性の考え方

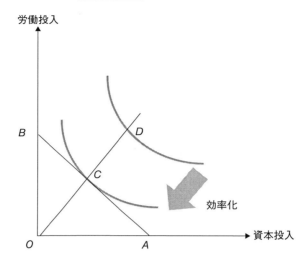

財投入1財生産と同様にして意思決定主体の効率性を考えることができる。

ここで問題となるのは，投入財もしくは生産財が複数ある場合に，どのようにして代表する数値を作るかである。1つの方法は複数ある指標に対してウエイト付け（このようなウエイト付けは図表5－3においては労働投入と資本投入の比率を表す線分BAにあたる）を行い，1つの数値を作り出すことである。意思決定主体jがk個の投入を行う場合，その投入量ベクトルを$\boldsymbol{x}=(x_1, x_2, \cdots, x_k)$とすると，

$$x_j = \sum_{i=1}^{k} a_i x_i \tag{1}$$

また，l個の生産を行う場合に，その生産量ベクトルを$\boldsymbol{y}=(y_1, y_2, \cdots, y_l)$とすると，

$$y_j = \sum_{i=1}^{l} b_i y_i \tag{2}$$

という関係で，投入量と生産量を代表する数値を規定することにする。このように考えると，効率性は投入量単位当たりの算出量を，

$$E_j = \frac{y_j}{x_j} \tag{3}$$

と定義できることになる。ここで，まず，投入量 $x_j = 1$ として基準化し，y_j を最大にするような方法で，つまり意思決定主体 j の活動を最大限評価する方法で効率性を考えることは1つの合理的な考え方であるといえる。さらに計算が可能となるように，y_j の最大値は x_j で抑えられていると仮定する。そうすると，意思決定主体が n 個存在しているときの，j に関する効率性は次の最大化問題を解くことで得られる。

$$\max y_j = \sum_{i=1}^{l} b_i\, y_{ij} \tag{4}$$

$$\text{制約式} \quad \sum_{i=1}^{k} a_i\, x_{ij} = 1$$

$$\sum_{i=1}^{l} b_i\, y_{ih} \leq \sum_{i=1}^{k} a_i\, x_{ih} \quad (h = 1, 2, \cdots, n)$$

$$\mathbf{a}, \mathbf{b} \geq 0$$

ここで $\mathbf{a} = (a_1, a_2, \cdots, a_k)$，$\mathbf{b} = (b_1, b_2, \cdots, b_l)$ である。この線形計画法の解は，その制約式から0以上1以下の数値をとることになり，これを効率値として規定するアプローチがDEAアプローチである。この効率値は生産量の代表値で規定されているので生産指向型モデルと呼ばれている。生産指向型モデルの線形計画法については双対問題を考えることができ，それは以下の式となる。

$$\min \theta_j = \theta_j \tag{5}$$

$$\text{制約式} \quad -\sum_{h=1}^{N} x_{rh}\, \lambda_h + \theta_j\, x_{rh} \geq 0 \quad (r = 1, 2, \cdots, k)$$

$$\sum_{h=1}^{n} y_{sh}\, \lambda_h \geq y_{sh} \quad (s = 1, 2, \cdots, l)$$

$$\lambda_h \geq 0 \quad (h = 1, 2, \cdots, n)$$

1つ目の制約式は，自分の投入量がその代表値 $\sum_{h=1}^{N} x_{rh} \lambda_h$ と比べて，どの程度まで縮小することができるかを意味している。そして2つ目の制約については，その代表値を決める制約は，自分の生産量よりも代表的な生産量よりも同じかそれ以上になるように決定されることを意味する。つまり，投入量に関し，自分の投入量は代表値よりも等しいかそれ以上，生産量に関しては自分の生産量が代表値よりも等しいかそれ以下になるように制約を課すことで自分と同程度よりかそれ以上に効率的な事業者がいることを制約として課していることになる。この双対性問題は効率値を投入量の係数で測るので入力指向型アプローチと呼ばれている。

投入指向型アプローチについてはさらに規模の収穫性，つまりそのような生産構成がどの程度まで拡張・縮小できるかを考慮する場合がある。この仮定はウェイト λ_h に対して設けられる。ウェイトの和については制約を設けないことで，拡張的な投入，もしくは縮小的な投入が認められていることになる。これは規模についての可変性を認めていることになるが，特定の産業においては規模の経済性について制約が存在する可能性もある。そのため $\sum_{h=1}^{N} \lambda_h = 1$ という規模に関する制約を課すこともある。そのような線形問題は次のようになる。

$$\min \theta_j = \theta_j \tag{6}$$

制約式　
$$-\sum_{h=1}^{N} x_{rh} \lambda_h + \theta_j x_{rh} \geq 0 \quad (r = 1, 2, \cdots, k)$$

$$\sum_{h=1}^{n} y_{sh} \lambda_h \geq y_{sh} \quad (s = 1, 2, \cdots, l)$$

$$\sum_{h=1}^{N} \lambda_h = 1$$

$$\lambda_h \geq 0 \quad (h = 1, 2, \cdots, n)$$

以上がDEAの主要な方法論となっている。

DEAは，その方法論の性質から投入指向型アプローチか，もしくは生産指向型アプローチを選択することになるが，今回は比較的計算が容易でかつ規模の経済性を考慮に入れやすい投入指向型アプローチを用いて分析を行うことと

図表5-4 DEAの結果

事業者	年度	Output=有収水量		事業者	年度	Output=有収水量	
		規模に関する収穫一定	規模に関する収穫可変			規模に関する収穫一定	規模に関する収穫可変
太田市	H16-H17	0.961	0.984	明和町	H16-H17	1	1
	H18-H19	0.994	1		H18-H19	0.989	1
	H20-H21	0.999	1		H20-H21	0.882	1
	H22-H23	1	1		H22-H23	0.858	1
	H24-H25	1	1		H24-H25	0.845	1
館林市	H16-H17	1	1	千代田町	H16-H17	0.723	0.928
	H18-H19	1	1		H18-H19	0.748	0.937
	H20-H21	1	1		H20-H21	0.769	0.956
	H22-H23	0.987	0.999		H22-H23	0.737	0.951
	H24-H25	0.989	0.999		H24-H25	0.747	0.948
みどり市	H16-H17	1	1	大泉町	H16-H17	1	1
	H18-H19	0.934	1		H18-H19	1	1
	H20-H21	0.862	1		H20-H21	1	1
	H22-H23	0.957	1		H22-H23	1	1
	H24-H25	0.971	1		H24-H25	1	1
板倉町	H16-H17	0.9	0.951	邑楽町	H16-H17	0.917	0.959
	H18-H19	0.907	0.954		H18-H19	0.912	0.944
	H20-H21	0.902	0.932		H20-H21	0.903	0.935
	H22-H23	0.934	0.968		H22-H23	0.905	0.936
	H24-H25	0.902	0.935		H24-H25	0.904	1

(出所) 筆者作成。

する。

　今回の分析では，3市5町に関し，直近で利用可能な2004年度から2013年度について2年平均，5期間に分けて分析を行った。インプットについては①取水量，②導送配水管延長，③職員数，④浄水場設置数を用いた。取水量，導送配水管延長，職員数および浄水場設置数については「地方公営企業年鑑」のデータを用いている。またアウトプットは有収水量とし，このデータも2004年度から2013年度の地方公営企業年鑑を利用している。さらに今回の分析は規模に関する収穫性についての仮定は事前に設けず，規模の関する収穫一定，および収穫可変の両方のケースについて分析を行うこととした。また分析ソフトは

クイーンズランド大学のData Envelopment Analysis Program（ver2.1）を利用している。その結果は**図表5-4**にまとめている。

　この結果をみると，効率性の高い自治体は太田市と館林市，そして大泉町であった。太田市と館林市については早くから第三者委託も含めた官民連携を実施しており，効率性の実現はその効果の発露であるといえよう。また大泉町も，基本構想によれば5町の中で最も民間委託が進んでいる地域であり，そのため効率的な事業展開が実現できていると推測できる。さらに大泉町は行政面積が狭く，コンパクトシティを実現している自治体でもある。こうした事実を鑑みると，水道事業の展開にはその地形的な特性が重要であるといえる。

4　おわりに：PPPの普及に向けて

　本章では，水道事業の官民連携の枠組みを紹介し，そのケーススタディとして群馬東部水道企業団を紹介した。群馬東部水道企業団のケースで重要なのは，1981年から始まる両毛地域水道事業管理者協議会の存在により広域連携の下地が存在していたこと，国庫補助制度の活用による当局からのインセンティブの付与，そして太田市の官民連携の成功経験という，広域化および官民連携を実現するための大きな下地が存在していたことである。官民連携の成功はそのリスクと責任をどのように最適に配分するかにかかっており，それを実現するためには，市民を含めた関係者による協議およびその事業経験により，地域性も考慮されたリスクとそれに対する責任のあり方を規定することが不可欠であるといってよい。群馬東部事業団はこのような必要条件を満たしており，かつ当局国庫補助制度という強いインセンティブによって実現されたケースである。今回の分析では，群馬東部水道事業団の前身の3市5町について，官民連携を活用している事業体ほど効率的な性向を持つことが示唆された。群馬東部水道事業団は，各自治体にとどまらず，3市5町に関連する広域化事業のほとんどの業務を包括委託しており，今後，その効果がどの程度のものであるかが経済学的な見地からも重要となってくる。

　一方で，すべての事業体がこのような恵まれた環境にあるわけではない。水道事業における官民連携および水道広域化の成功はこうした必要条件をどの程度緩和できるかにかかっているといえよう。

注

1) ここでの効率性は，第3章で議論された規模の経済性や範囲の経済性というよりも，費用関数あるいは生産関数が表す生産技術自体の変化を表現している。

参考文献

太田市他［2013］「群馬東部水道広域化基本計画」
　http://www.city.ota.gunma.jp/005gyosei/0160-001suidou/01news/2013-0926-1153-183.html（2016年3月25日閲覧）
太田市他［2013］「群馬東部水道広域化基本構想」
　http://www.city.ota.gunma.jp/005gyosei/0160-001suidou/01news/2013-0717-1459-183kouiki.html（2016年3月25日閲覧）
群馬東部水道企業団［2016］「平成28年度水道事業年報」
　http://www.gtsk.or.jp/nenpo/jigyonenpo_h28_all.pdf（2017年12月20日閲覧）
厚生労働省［2013a］「新水道ビジョン」
　http://www.mhlw.go.jp/seisakunitsuite/bunya/topics/bukyoku/kenkou/suido/newvision/newvision/newvision-all.pdf（2016年3月25日閲覧）
厚生労働省［2013b］「水道におけるアセットマネジメント～簡易支援ツールについて～」
　http://www.mhlw.go.jp/topics/bukyoku/kenkou/suido/tantousya/2013/dl/02_1a.pdf（2018年4月6日閲覧）
厚生労働省［2014a］「「新水道ビジョン」作成の手引き」
　http://www.mhlw.go.jp/file/06-Seisakujouhou-10900000-Kenkoukyoku/260319-betten.pdf（2017年4月閲覧）
厚生労働省［2014b］「新水道ビジョンの推進について」第6回　新水道ビジョン推進のための地域懇談会（関東地域）
　http://www.mhlw.go.jp/file/06-Seisakujouhou-10900000-Kenkoukyoku/suishin_kondan_06-1.pdf（2017年4月閲覧）
厚生労働省［2014c］「水道事業における官民連携に関する手引き」
　http://www.mhlw.go.jp/topics/bukyoku/kenkou/suido/houkoku/suidou/140328-1.html（2017年4月閲覧）
厚生労働省［2014d］「上水道分野におけるPPP/PFI等について」
　http://www.kantei.go.jp/jp/singi/keizaisaisei/bunka/ricchi/dai2/siryou5.pdf（2017年4月閲覧）
中山徳良［2002］「水道事業の経済効率性の計測」『日本経済研究』No.45, 23-40頁。

第6章

下水道のコンセッション：
浜松市のケーススタディ

1 はじめに：日本初の「下水道コンセッション」

　日本の上下水道事業で初めて，長期間の事業運営を民間事業者に委ねる「コンセッション」が，浜松市の下水道事業で2018年4月より導入された。コンセッションは，収益減少や職員の減少といった課題を抱える上下水道事業を持続可能なものとするための方策の1つと目されている。

　コンセッションとは一体どのような仕組みなのか。そして，わが国の下水道事業の今後にどのような意味を持つインフラ運営手法なのだろうか。なぜ浜松市はわが国初のコンセッション導入を選択したのか，そして，どのような効果が期待されるのか。これらの視点から，下水道事業のコンセッションの仕組み，意義，今後の下水道事業で有効活用していくための論点を考える。

2 下水道事業における官民連携手法

　下水道事業では，コンセッション以外にもさまざまな民間活用手法が存在している。そこで，まず下水道事業における官民連携手法の全体像を概観する。

2.1　下水道法における事業運営形態に関する規定

　下水道事業は，下水道法第3条により「公共下水道の設置，改築，修繕，維持その他の管理は，市町村が行うものとする」とされている。また，2つ以上の市町村から流入する下水道を処理する流域下水道についても，同法第25条の10において都道府県が行うこととされている。つまり，下水道事業は民営化で

図表6−1　下水道事業における民間活用状況

管路施設	処理施設（全国約2,200カ所）			
（全国約46万km）	水処理施設 (215カ所)	水処理＋汚泥処理施設 (1,927カ所)		汚泥処理施設 (23カ所)
			下水汚泥 有効利用施設	

包括的 民間委託 （管路施設） 18件	・包括的民間委託（処理施設）約380件 ・PFI事業：1件 ・コンセッション方式（導入済：浜松市、検討中： 　奈良市、三浦市、須崎市、宇部市、村田町、大阪市、 　宮城県、小松市、大分市、大牟田市）	汚泥利用施設（ガス発 電や固形燃料化等） ・PFI事業：11件 ・DBO事業：23件

(出所）国土交通省［2017］，内閣府［2018］をもとに筆者作成。

きず，地方公共団体が事業運営の最終責任を常に負っているということを意味する。水道事業が認可制度を採用しており，市町村経営の原則がありつつも，民間事業者も事業認可を取得すれば民間水道事業者になり得ることや，電力やガスといった他の公益ユーティリティー事業が民営を基本としていることと比べた下水道事業の特徴といえる。下水道法は，利用の強制という考え方をもとに，下水道への接続義務を第10条で求め，違反した者には下水道法による罰則規定が適用される等の公権力行使という側面からそのような制度設計となっている。

2.2　下水道事業の経営と官民連携

　下水道事業の実際の運営においては，地方公共団体の職員による直営によりすべての業務が実施されているわけでなく，民間事業者への委託等が幅広く用いられている。

　下水道事業の運営は，下水処理施設や下水道管路施設の設置や更新等の設計や工事施工および，日々の運転・維持管理に大別される。国土交通省によると，下水道管路施設や下水処理施設の管理については9割以上が民間委託を導入しているとされている。また，複数の業務をパッケージ化し，複数年契約で発注する包括的民間委託も増加しており，全国の約2,200カ所の下水処理施設のうち約380カ所で導入済とされている。また，そのほかにも，近年事例がみられ始めた下水道管路施設に関する包括委託，下水道汚泥を活用した燃料製造や発電等のプロジェクト，そして今回浜松市において導入されたコンセッションに

大別される。

3 下水道事業におけるコンセッション

　コンセッションは，民間資金等の活用による公共施設等の整備等の促進に関する法律（以下，PFI法という）第2条第6項に定める公共施設等運営権事業によるインフラ事業運営方式の通称であり，平成23年度のPFI法改正によって導入された制度である。

　コンセッションは，従来の委託方式やPFI事業と大きく異なる制度であり，プロポーザル等で選定された「公共施設等運営権者」（以下，運営権者という）が幅広い事業運営を担い，事業運営の幅広い責任（リスク）を負いながら事業運営を長期間担うことを可能とする仕組みである。運営権者は，より大きな責任を負う代わりに，自社の創意工夫を事業運営において発揮したり，技術力やノウハウを活かした事業効率化に取り組んだりすることが可能となる。その結果，インフラ利用者や住民にとっても，サービス内容の改善・充実や料金値上げの抑制といったメリットを享受することが可能となる。

　本節では，コンセッションとはどのような仕組みであるのかを，PFI法や下水道事業の関係法令やガイドライン等から解説する。

3.1　コンセッションの仕組み

　コンセッションの基本的な仕組みは，公共施設の管理者から運営権が設定された運営権者が実施契約等に基づいてインフラ事業の運営を行うというものである。そして，運営権者が事業運営に要した費用を利用者が支払う料金収入から回収する仕組みとなる。

　コンセッションの特徴を整理すると，まず1つ目は，「公共施設等の管理者等が所有権を有する」施設で，運営権者が運営等を行うことができるという点である。すなわち，国や自治体が所有権を手放すことなく，運営権者に運営や施設更新といった広範囲の事業を行わせることができるという点である。

　2つ目は，当該施設の利用に関する利用料金を，運営権者が自らの収入として収受することができ，その利用料金の水準の設定は運営権者から管理者への届出で足りるということである。その一方で，運営権者が設定可能な料金水準

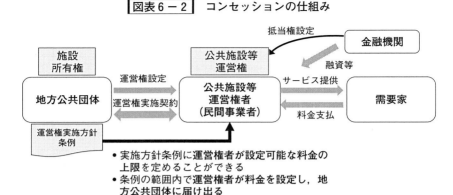

図表6-2 コンセッションの仕組み

(出所) 筆者作成。

については，自治体が運営権実施方針条例で必要な事項を定めることとされており，料金上限を設定することも可能となっている。

3つ目は，民営化と異なり，運営権者と自治体が運営権実施契約や，事業期間中に運営権者が遵守するべきサービス品質等要求性能を定めた文書である要求水準書を締結することである。それにより，自治体が運営権者の運営状況をモニタリングし，必要な場合は是正措置を講じることができる点である。

4つ目は，法律上，運営権が財産権とされていることより，譲渡が可能であるとともに，抵当権の設定や減価償却等による資金調達の円滑化等が図られることが挙げられる。

3.1.1 コンセッションと従来の官民連携手法の違い

コンセッションは，インフラ事業で従来用いられてきた他の官民連携手法とどのような違いがあるのだろうか。**図表6-3**にあるとおり，これまでは，短期間の維持管理業務を民間に委託し，その費用を自治体が委託料等の形態で負担する委託方式や，従来型PFIのように主に施設新設に用いられる手法が主に用いられてきた。それらと対比しても，コンセッションは，既存施設の更新などを含めて，長期間にわたり民間に事業運営を委ねることに主眼が置かれているという点が相違点となる。

図表6－3 コンセッションと他の民間活用手法の比較

	コンセッション	従来型PFI	指定管理者制度	包括的民間委託
根拠	PFI法	PFI法	地方自治法	個別のインフラに関係する法律
民間事業者の業務範囲	一般的に既存施設の維持管理及び改築更新が含まれる	一般的に，施設の新設及び維持管理が含まれる	維持管理のみであり，改築更新は含まれないことが一般的	同左
事業年数	一般に長期（空港では30～50年程度，上下水道で20～30年）	一般的に10～20年程度	一般的に3～5年	同左
料金収入	・運営権者が利用者から収受する ・条例で定めた範囲内で，自治体への届出で料金設定可能	・自治体が利用者から収受し，事業者にサービス購入料を支払う	・自治体が利用者から収受し，事業者に委託料を支払う形態と，指定管理者が利用者から収受する形態がある ・後者の場合，条例で定めた範囲内で，自治体の承認を得て料金設定可能	・自治体が利用者から収受し，事業者に委託料を支払う
抵当権等が設定可能な財産の有無	抵当権等が設定可能な運営権により事業運営	一般的にサービス購入料は確定債権となる	指定管理者の地位には資産性がない	契約関係によるものであり資産性がない
活用場面	既存インフラ事業の運営と改築更新	個別施設の新設や再構築	施設の維持・運転管理	同左

（出所）筆者作成。

3.2 下水道事業におけるコンセッション

下水道事業におけるコンセッションは，PFI法のほかに，下水道法の規定を踏まえて仕組みが構築されている。

3.2.1 運営権者が実施可能な業務と地方公共団体が実施する業務

国土交通省［2014］によると，コンセッションの業務範囲については，運営

図表6－4 下水道コンセッションの一般的な仕組み

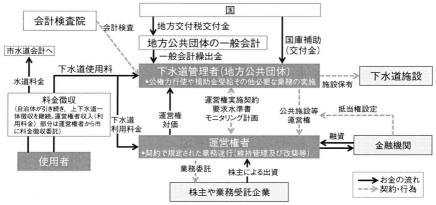

(出所) 筆者作成。

権者は下水道施設の維持管理マネジメント（施設保全計画・管理，外注計画，労働安全衛生管理，危機管理等），改築更新等に係る企画およびPFI法第23条に基づく下水道利用料金の運営権者収益としての収受等の業務が可能であるとされている。また，複数年の事業期間中の改築更新についても，運営権者の業務に含めることが可能とされている。

他方，下水道管理者（自治体）は，下水道法第3条に基づき，コンセッションを活用する場合も下水道の管理に係る最終的な責任を負うこととされている。管理者の責任には，下水道施設の資産としての所有や下水道法第4条に基づく事業計画の策定，国庫補助に係る手続きや会計検査の受検，各種命令等公権力に係る業務，下水道条例や実施方針に関する条例の管理が含まれることとなるという整理がなされている。

こうした点を踏まえると，下水道コンセッションの一般的な仕組みは**図表6－4**のとおり整理することができる。

3.2.2　利用料金の性質

コンセッションの特徴は，運営権者が使用者から支払われる料金収入を収益として事業運営する点にあり，運営権者と管理者が徴収する料金の性質を正確に理解することは重要である。

国土交通省［2014］では，運営権者が収受する下水道利用料金は，下水道法第20条の下水道使用料の規定に基づく使用料ではなく，PFI法第23条に基づく料金となる，とされている。この取扱いに伴い，下水道法第20条に基づく下水道使用料では可能である滞納者への強制徴収等が不能となる。

他方，コンセッションの実施後も管理者が引き続き使用者から徴収する使用料は，従前どおり下水道法第20条により徴収される下水道使用料であり，滞納者への強制徴収も地方自治法により可能となっている。

3.2.3　コンセッション導入のメリット

下水道事業にコンセッションの導入をすることで，地方公共団体と民間事業者にはどのようなメリットがあるのだろうか。

コンセッションが先行して導入されている空港では，運営権者による商業施設の充実，観光施策との連動やさまざまなプロモーション等を通じた旅客増とそれに伴う収益増という増収のメリットが想定される。しかしながら，下水道事業は，意図して需要を左右させることができるわけではない。むしろ，メリットは，主に事業コストの効率化や地方公共団体の組織体制の脆弱化への受け皿といった観点から整理されることとなる（**図表6-5**）。

図表6-5　コンセッションによって期待される効果

地方公共団体の視点	（組織体制）職員の高齢化や減少への対応 （事業量や品質の確保）民間の技術力やノウハウの活用 （効率化）発注ロット増大や，改築と維持管理のパッケージ化によるコスト削減 （資源利用）民間の技術力や流通ノウハウを活かした汚泥活用手法・市場の創出
民間事業者の視点	（事業規模拡大）事業期間や事業規模面での事業のスケールアップ （創意工夫発揮余地）事業運営・経営についての裁量の拡大 （競争力向上）事業運営に関するトータルマネジメント力の獲得による国内外における企業競争力の向上
利用者の視点	（安定した下水道事業）健全な下水処理サービスの享受 （低廉な下水道事業）効率化ノウハウにより，下水道事業の低廉性の維持

（出所）筆者作成。

4　浜松市におけるコンセッション導入

浜松市は，平成29（2017）年3月21日に，日本で初となる下水道のコンセッション事業の事業者公募結果を発表した。公募結果は，フランスの水メジャー企業であるヴェオリアの日本法人であるヴェオリア・ジャパン株式会社を代表企業とするコンソーシアム「ヴェオリア・JFEエンジ・オリックス・東急建設・須山建設グループ」が優先交渉権者に選ばれたというものであった。本事業は平成30年4月から20年間にわたる事業運営が開始された。本節では，浜松市の下水道コンセッションの仕組みや特徴を解説する。

4.1　浜松市公共下水道西遠処理区の概要

浜松市が今回コンセッションの対象としたのは，浜松市が管理する下水道処理区のうちの1つである，「西遠処理区」である。この西遠処理区では，平成28（2016）年4月1日に，幹線管路ならびに今回コンセッションの対象となった西遠浄化センターおよび2つの中継ポンプ場が静岡県の流域下水道事業から浜松市に事業移管された。事業移管の前は静岡県の所有であったものが，浜松市の所有に変わったということである。

西遠浄化センターが対象とするエリアは，旧浜北市などを含む旧3市2町にまたがる広大なものであり，浜松市の下水道処理区の中でも最大である。具体的には，西遠処理区は平成27年度末において，面積が1万346ha，年間汚水処理水量が4,477万㎥と，浜松市公共下水道全体のそれぞれ1万3,944ha，8,745万㎥に対し，面積ベースで約7割，水量ベースで約5割を占めている。

4.2　コンセッションの導入判断と導入の流れ

浜松市は，なぜ下水道事業でコンセッションを導入したのだろうか。浜松市では，2013年度に西遠浄化センター等の運営方式の検討を行い，コスト縮減と職員の増員抑制効果の観点からコンセッションのメリットを判断している。

とりわけ，職員の増員抑制については，静岡県が運営していた際には職員が20人工が配置されていたのに対して，コンセッションを採用した場合には3人工の職員配置で済むという試算結果が得られたとしている。全国的な行政改革

や行政組織の簡素化の流れのなかで、西遠処理区の移管に伴う市職員配置増をコンセッションで極小化できる点が浜松市にとって利点となった。また、運営権者が、施設の改築と維持管理を一体的に長期間行うことによる、効率的な施設改築等の効果発現とそれに伴うVFM（Value for Money）の創出も期待され、公募前の段階で直営と比して7.6％のVFMが見込まれていた。

その後浜松市では導入準備を進め、2016年2月に実施方針を公表し、2016年5月に募集要項を公表し、事業者公募を開始した。そして、2017年3月の優先交渉権者の選定に至った。2013年の検討開始から事業者選定まで4カ年、2018年の事業開始までは5カ年をかけて導入作業が行われたことになる。

4.3　浜松市の下水道コンセッションの仕組み

具体的に浜松市の下水道コンセッションの仕組みや特徴を解説する。

4.3.1　コンセッション対象施設や事業の範囲

コンセッションの対象となったのは、前述のとおり浜松市が管理する下水道処理区のうちの1つである西遠処理区であり、コンセッションの対象施設となったのは、西遠浄化センターおよび中継ポンプ場2カ所の計3施設である。下水道管路施設についてはコンセッションの対象範囲外となっている。このような範囲となった背景としては、もともと静岡県が西遠流域下水道を管理していた時代から、管路施設については浜松市が直営で管理していた点が挙げられる。

また、事業範囲は、対象となる下水処理場および中継ポンプ場の経営、改築、

図表6-6　浜松市下水道コンセッションの事業範囲

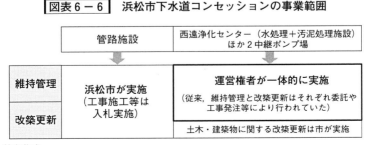

（出所）筆者作成。

維持管理とされている（**図表6－6**）。ただし，土木や構造物に関する改築については，原則として市の対象工種となるとされており，運営権者が行う業務範囲に含まれない。

また，上記に加え，附帯事業として既存の処理工程にとらわれない新たな処理工程の導入を提案することが可能であるほか，任意事業として自主的に行うビジネスの提案も行うことができる。

4.3.2 利用料金に関する仕組み

コンセッションの最大の特徴である，運営権者が利用料金を自らの収入として収受することについては，利用料金の設定等に関するルールと，利用料金の収受方法との大きく2つの点があるが，これをどのような仕組みとするかが重要である。

まず，利用料金の設定については，「利用料金設定割合」という仕組みが導入されている。これは，料金を市と運営権者で按分するために用いられる割合であり，西遠処理区の下水道使用者が支払う料金の一定割合を運営権者の収入に帰属させる仕組みとなっている。前述のとおり，西遠処理区における業務のうち，下水道管路施設関係の業務や，コンセッション対象施設の土木・建築に関する改築業務は市の業務として残存するため，その費用を市は料金収入から回収する必要があるため，このような仕組みが採用されている（**図表6－7**）。

料金徴収方法については，他の多くの下水道事業と同様に，浜松市においても，水道料金と下水道使用料は一体的に徴収されている。そのため，コンセッションに移行したからといって，運営権者が独立して自らの収入となる利用料金部分を徴収すれば，西遠処理区の下水道使用者は市分と運営権者分の2回に分けて請求を受けることとなりかねず，利便性の低下となる。

そのため，本事業では，運営権者が浜松市に料金徴収の代行業務を委託することを条件として事業者公募がされている。運営権者から業務を受託した浜松市が，水道料金と，市が引き続き実施する業務に関する下水道使用料および運営権者の収入となる下水道利用料金を一体的に徴収することが可能となり，利用者の利便性の低下を招かない仕組みとなっている。

最後に利用料金の改定についてである。本事業において，西遠処理区における利用者が支払う下水道使用料のうち，運営権者の収入となる利用料金部分を

図表6-7 浜松市下水道コンセッションにおける料金徴収の仕組み

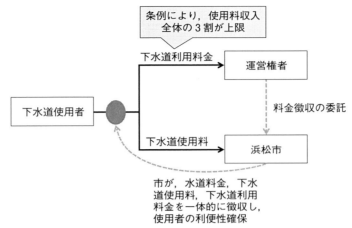

(出所) 筆者作成。

決める「利用料金設定割合」は，浜松市下水道条例にて定められている。具体的には，「3割までの範囲内で管理者の定める割合」とされている。なお，応募者が提案時に用いる利用料金設定割合は27％とすることが，本事業の募集要項において定められている。

運営権者は3割までの範囲内で自らの収入とする利用料金の設定割合を届出により変更することが可能となる。ただし，それを上回る設定割合の設定は条例の改正が必要となり，運営権実施契約において，物価高騰等改正に向けた協議の発意条件が規定されている。

4.3.3 財源に関する仕組み

本事業の財源構成をみてみると，運営権者に発生する維持管理費は，利用料金で回収する前提となっている一方で，運営権者に発生する改築更新に要する費用については，市がそのうちの10分の9を負担し，10分の1を運営権者が利用料金から回収することが求められる仕組みとなっている（**図表6-8**）。これは，下水道事業には一般的に国庫補助金等の財源が施設の建設や改築に充当されるという特性等を踏まえた取扱いである。運営権者は，利用料金収入が変動するリスクを10分の1の利用料金回収部分で負うこととなるため，効率的な

図表6－8 浜松市下水道コンセッションにおける財源の仕組み

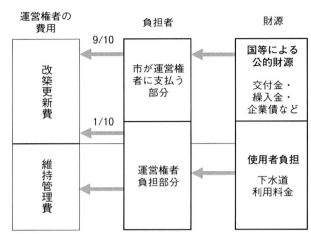

（出所）筆者作成。

改築更新を行うインセンティブとなると考えられる。

4.3.4 モニタリング

　コンセッションにおけるモニタリングは，運営権者による事業運営が，要求水準書に従って実施されているか，また，民間事業者の財務や経営が適正であるかを発注者である地方公共団体が確認をするプロセスであり，事業の適正な運営を担保するために不可欠なものである。

　浜松市の事例では，モニタリングの仕組みとして，運営権者によるセルフモニタリング，市によるモニタリングに加え，市のモニタリングを補完する外部機関によるモニタリングが行われる建て付けとなっている。要求水準への未達がある場合は，是正指導や命令等が行われ，故意の信用失墜行為は契約解除となる仕組みとなっている。また，市の命令にもかかわらず，問題が是正されない場合は違約金ポイントを算定し，違約金が徴収される。

　また，市と運営権者の間で契約条件等をめぐる紛争が生じた場合の対応策として，市1名，運営権者1名，学識者3名で構成される協議会が設置され紛争の解決方法が調整されることが実施契約において定められている。

図表6-9 優先交渉権者コンソーシアムの提案の主な内容

オペレーショナル・エクセレンス	日々の運転・維持管理業務の効率化
	業務体制の最適化と人材育成
	「維持管理の時代」の保全・改築業務
	世界レベルの実績に基づくベンチマーキング
官・民・地元パートナーシップ	地域との連携や協働
	官民委員会設置
	新技術への取り組み
西遠スマートプラットフォーム	各種運転維持管理支援ツールの導入
	多機能タブレットシステムの導入
運営権対価	25億円(20年間総額)

(出所)優先交渉権者提案概要より筆者作成。

4.4 事業者公募結果と導入効果

　本事業の事業者公募には,優先交渉権者となったヴェオリア・ジャパン株式会社を代表企業とするコンソーシアムのほかに,次点となった株式会社日立製作所を代表企業とするコンソーシアムが参画した。

　優先交渉権者のコンソーシアムの提案内容の主なポイントは,**図表6-9**のとおりであり,IT活用等による運営の効率化・高度化に加えて,地域との連携等に関する提案がなされたほか,任意事業として養鰻パイロット事業の提案がなされた。また,運営権対価として,運営権者は,20年間総額で25億円の運営権対価を浜松市に支払うこととなっている。対価の支払方法としては,4分の1を前払金として事業開始前に支払い,残りは事業期間中の分割払いとなる。

　また,コスト削減効果により運営権者提案の事業費は直営想定の事業費を約87億円下回り,最終的なVFMは公募前の予想を大きく上回る14.4%となった。

5　今後の下水道コンセッションの普及拡大に向けて

　今後,下水道事業は職員の退職等による執行体制のさらなる制約や人口減少等による使用料収入の減少等,さまざまな経営課題への対処が一層求められることとなる。そうしたなかで,下水道コンセッションの普及拡大に向けた主

だったポイントを提示したい。

5.1 事業や施設のリスクの詳細把握と「見える化」

　コンセッションは，既存の事業の運営等を民間に委ねる事業方式であり，事業や施設についてあらゆる確度から，民間事業者がリスク評価し，長期的な収支計画を策定できるような情報開示が不可欠である。機器ごとに過去の修繕履歴，健全度などさまざまな情報を詳細に開示していくことが必須となる。また，事業者選定プロセスでは，提案事業者が現地実査をする機会も設ける必要もある。こうした大量のデータを収集する作業が，準備時に一気に必要となることは，地方公共団体にとって導入に向けてのハードルになることから，下水道の事業情報，施設情報の収集，データベース化などが日ごろから一層進められる必要がある。

5.2 条例で定める料金上限の改定要件の在り方

　コンセッションにおいては，民間は長期の事業運営のリスクを負う一方で，民間事業者が設定できる料金水準には実施方針条例により上限が設定される。事業者でコントロールできない物価の上昇等について，どのような場合であれば，料金上限の改定が可能となるのかについて，条例や契約におけるクリアーなルールのあり方について今後の検討が必要と考えられる。

6　コンセッションと下水道事業の経営戦略

　浜松市の事例でも明らかなように，コンセッションの導入には数年の準備期間が必要となり，さまざまな情報整備作業などの負担も発生する。それゆえ，コンセッションの導入を考えるにあたっては，「なぜコンセッションが必要であるのか。その政策的大義は何か」が，事業体の意思決定層（首長，公営企業管理者や条例を審議する地方議会）から事業運営の現場にまで，そして下水道使用者等の関係者にも明確化され，できる限り浸透していることが重要である。

　そのためにも，「経営戦略」の果たす役割は大きいと考える。つまり，下水道事業の今後の人員組織の観点，経営収支の観点，施設の老朽化リスクの観点などから，成り行きの将来シナリオで健全な事業が継続可能なのか，今後の事

業経営の課題にはどのようなものがあるのか，定量的・定性的に明らかにすることだ。そして，使用料の高騰リスクや人員組織体制の制約など，事業遂行にリスクがあるのであれば，何をどこまで改善するのか，明確な経営目標が設定され，そのうえで最適な解決手法，適切な経営形態が比較衡量のうえ検討されることが各地方公共団体にとって最適な運営手法の決定のために望ましい。

参考文献

下水道法令研究会編著［2016］『逐条解説 下水道法 第四次改訂版』ぎょうせい。
国土交通省［2014］「下水道事業における公共施設等運営事業等の実施に関するガイドライン（案）」。
国土交通省［2017］「下水道における新たなPPP/PFI事業の促進に向けた検討会」平成28年度報告書。
内閣府［2018］「未来投資会議構造改革徹底推進会合「第4次産業革命」会合（PPP/PFI）」（第5回）参考資料。
浜松市［2016］「公共下水道終末処理場（西遠処理区）運営事業募集要項」。
浜松市上下水道部［2017］「浜松市における下水道事業へのコンセッション方式導入について」。

第7章

水道コンセッションの国際状況：
わが国への教訓

1 はじめに：もう1つの民営化

「もう1つの民営化」と呼ばれるコンセッションは，1990年代以降，国際規模で公益事業改革の一大政策潮流を形成しているといってよい。コンセッションは，とりわけ公共交通，電気事業，水道事業の公益事業改革で盛んに用いられている。その基本的な理念は，民間部門の活用による事業効率化と公共部門のスマート化にある。わが国にあってもコンセッションは公益事業改革の有力な政策手段の1つになるものと期待されている。

ここでは水道コンセッションの国際動向に言及するが，最初に次の2点を断っておく。第1に，水道コンセッションは多くの国において上下水道一体で問題にされている点である。第2に，コンセッションにはそれぞれの国が置かれた特殊事情が働いているため，その成功・失敗をそのままわが国の教訓にすることはできないことである。

1.1 コンセッションの定義

まず，コンセッションとは何かをOECDの定義を中心に紹介し，それに準拠するかたちで，われわれの定義を与えておく。OECDは，官民連携には，民間事業者が公共領域に参加する形態に応じて，次の7つの契約タイプがあると指摘している。

(1)サービス契約（service contract）：ここでは，ある一部のサービスをめぐり期限付きの契約が交わされるため，民間の参加は非常に制限されたものとなる。水道事業でいえば，水道部品の供給，メーターの設置，料金徴収の代行，

検針サービスなどがこれにあたる。通常，民間側には固定料金で支払いがなされ，契約期間も短期であることから，民間事業者は水道事業に関し商業的なリスクを負わない。

(2)マネジメント契約（management contract）：民間部門が，管理・運営権を官の側から引き継ぐものである。とはいえ，利用者は相変わらず公共主体（政府，自治体など）が供給するサービスの利用者に留まることになる。民間事業者は契約当初に，公的主体からユニット単位当たり（たとえば，有収水量当たり，接続世帯当たり）で支払いを受けるが，固定料金で報酬を受けるケースも多い。契約期間は，通常3年から5年である。ここでも水道事業の商業的なリスクは公的主体が負うが，契約報酬が水道事業の成果にリンクしている場合には，民間事業者もある程度の商業リスクを負うことがある。事業ノウハウの移転を容易にする長所があるため，この契約タイプを採用する国は多い。

(3)リース契約（lease contract）：水道資産を使用する権利（＝テナント）を特定の期間，リース契約を介し，一定のレントで民間事業者に与えるものである。参入した民間事業者は，その期間，インフラの維持を含め，公共側が定めた料金でサービスの供給に責任を負うことになる。ここでは，利用者は民間事業者の顧客となるため，彼は商業的なリスクの一部を負うことになる。もちろん，資本投資の調達にはかかわらないが，修繕サービスなど稼働資本にかかわるサービスには責任を負う可能性もある。多くの責任を負う場合，民間事業者はその代償に総事業収入の一部を受け取るケースもある。逆に利用者の支払総額が彼の総費用額と報酬額の合計を超えている場合には，公共主体が投資コストを回収できるよう差額を公的主体に戻すケースもある。リースの契約期間は，通常，10年から12年である。

(4)BOT契約（Build-Operate-Transfer contract）：ここでは民間事業者のほうが，投資プロジェクトの設計と資金調達に責任を負う。水道インフラ建設後も一定の期間中は民間事業者が事業の管理・運営を行い，契約終了時に公共側に所有権を無償で返還するという方式である。この契約のメリットは，法的権利を有する公共側に財政負担が伴わない点にある。この種の契約タイプは，水道事業では，主に浄水設備の建設，脱塩プラント，タンカー・給水車などによる給水主体への大量販売などで用いられている。

(5)コンセッション契約（concession contract）：リース契約と似ているが，

民間事業者がインフラ施設の拡張・更新（rehabilitation）にまで，またそのための資金調達にまで責任を負う点で，それとは異なる。もちろん，利用者は民間契約事業者の顧客となる。契約期間は通常25年から30年である。契約終了時に，民間契約者はその設備・装置を公共主体に返却する。

(6)**合弁事業契約**（joint venture contract）：水道事業のオーナーが官民共有の形態をとる。新規に会社を立ち上げる場合には，通常民間企業の側が持ち分の過半数を持つ場合が多い。極端な場合には，公共主体の側はたった1株の「黄金株」（重要案件の議決権を有する）しか持たないこともある。ここでは，官民が責任を分担し，利益を共有することになるが，この種の契約は，水道問題が政治的に敏感な問題となるときには，当事者に責任回避行動を生み，不安定な経営を招きかねない。

(7)**完全な資産分割・売却**（full divestiture）：ここでは，水道資産は完全に民間部門に売却される。民間水道会社は，資金調達，事業の管理・運営に全責任を負い，すべての経営リスクを背負うことになる。しかし，水道会社は当然のことながら地域独占事業者となるので，その経営が規制機関によって監視されなければならない。

広義のコンセッションを，以上の7つの契約タイプのうち，官民のリスク分担，責任配分という視点で整理すると，**図表7－1**のようになる。

EUも，公共調達指令（Directive 2004/17/EC））のなかで，その種類を(1)事業コンセッション，(2)サービス・コンセッション，および(3)混合型に分け，その基本形態として(1)リース，(2)アフェルマージュ（affermage），(3)コンセッション，(4)PFIs（民間資金等活用事業）の諸方式（BOT，BTO，ROT，BOO），(5)分割民営化（divestment）を挙げている。

上の(2)のアフェルマージュは，民間事業者が利用者料金を自らの収入とし，インフラ設備の維持，管理・運営に責任を持つ点でリースと異なる。また，(4)ではPFIsの概念の中に先のBOT契約に加えBTO，BOO，ROTなど多様な契約形態を採り入れている。BTO契約とは，民間事業者が自ら資金調達を行い，インフラ設備を建設した時点でひとまず所有権を公共側に移転し，その後契約を通して一定期間事業を管理・運営する方式を，またBOO契約とは，民間事業者がインフラ設備の所有権を保持し続け，事業を管理・運営するという実質的に民営化に近い方式を，さらにROT契約とは，主に設備の更新・修繕（reha-

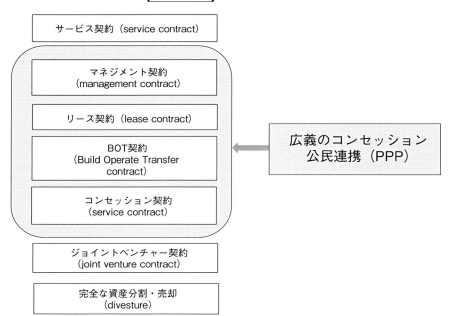

図表7-1　OECDの概念図

（出所）OECD［2011］をもとに筆者作成。

bilitation）を民間事業者が自ら資金調達して担い，一定期間，事業の管理・運営を行った後，所有権を公共側に完全に返却する方式を指している。

わが国でコンセッションということで改めて問題になるのは，OECDの定義でいう(3)から(5)，またEUの定義でいう(4)ということになる。コンセッションを民間委託と完全民営化の両者から分ける境界線は，(i)民間側のリスク負担の有無と(ii)事業の最終責任者の公民区分である。

1.2　コンセッションの枠組み

コンセッションの対象となる事業には，一定の特徴がある。第1は，事業経営が非効率で財政負担になっており，一般会計などからの補助金が必要となっている事業が，それである。第2は，市場環境や技術の変化により，民間事業者を参加させたほうがより効率的に事業を遂行できるような事業である。水道事業に即していえば，浄化施設・管路等の管理のIT化が，これにあたる。第3は，時代の変化を受けて，見直しが必要とされるような事業である。水道事

業に即していえば，人口動態の変化（人口減少，過疎化など），消費者行動の変化などが，これに相当しよう。

　だが，民間事業者側からすれば，そこにビジネス機会があり，利潤獲得の可能性がなければ参入意欲は湧かない。それゆえ，公共主体は，第1のケースではコンセッション料金の調整，補助金の給付などが，第2のケースでは良好なビジネス機会の提供が，第3のケースではインフラ設備の建設・更新を含むコンセッション・デザインが重要な課題となる。

　わが国でコンセッションの推進を阻害しているのは，現行水道法による自治体営原則である。これは，水道事業者の資格，事業の領域・範囲を制限している点で問題が多い。事業者資格については公共側が最終的に給水義務に責任を負う制度さえ整えられていれば事業者は民間事業者でもよく，またビジネス領域が水道事業を超えても（たとえば，ガス・電力事業の兼業），事業範囲が自治体単位を超えても（広域化）かまわないことが法的に保証されなければならない。またそのためには，水道事業者の法人事業者化（corporatisation）を容認し，契約履行を監視するモニタリング機関や紛争解決機関を創設する必要があろう。

1.3　コンセッションの理論背景

　現在のコンセッションのベンチマークとなっているのは，イギリスのPFI（Private Finance Initiative）である。イギリスは1980年代後半から公益事業を民営化し，公共部門への民間参入を拡張していった。その延長上でPFIが開発されたのである。このPFI方式は，先進国だけでなく新興国でも活発に利用されるようになったが，その背景にはオークション理論や契約理論の貢献があった。

　事業者選定に入札方式を利用するやり方を最初に提唱したのはデムゼッツ（Demzets［1968］）である。彼は，公益事業者が提供するサービスに関し，最も低い価格で効率的に公益サービスを供給できる事業者を選ぶために競争入札を実施すべきであるとし，「フランチャイズ・ビッディング」を提案した。それにより最適な価格規制と同じ効果が期待できると主張したのである。競争入札による「市場に向けた競争（Competition for Market）」が規制を代替するので，公益事業に特別に規制は必要ないとした。これに異を唱えたのがウィリ

アムソン（Williamson [1976]）であり，彼は契約期間中の企業行動に対しては規制が必要と主張した。競争入札で，効率的で収支均衡するような価格を実現できるかもしれないが，運営期間中に経済ショックがあれば見直しが必要となるし，投資についても，フランチャイズの契約期限が近づくと設備投資を行っても効果の発現に時間がかかり，自分が事業者ではなくなる可能性があるので，投資インセンティブは弱まると主張したのである。この論争を受け，OECD [2010] は事業者の選定については競争入札が望ましいとし，競争効果を重視しつつ，他方でコンセッション契約では事業モニタリングを最重要項目の1つに挙げたのである。

コンセッションの現場では，民間事業者の設備投資行動が問題になるが，ハートら（Hart *et al.* [1997]）は，所有権を，契約の記載にない偶発事象が発生したときに設備取り扱いを決定する権利，すなわち「残余コントロール権」と規定したうえで，この問題にアプローチしている。ハートらは，投資を費用削減投資 e（＝利潤追求型投資であり総費用 C を削減するが，同時にサービスの品質を減少させ，消費者の余剰を減少させるおそれもある）と設備投資 i（＝公共型投資であり社会厚生を増大し，ユニバーサル・サービスの水準を向上させる）に分けている。また，ハートらは公的主体は契約の解除などを通して民間運営事業者を変更できるとし，彼が e または i の投資活動を行うときには公的主体の承認を必要とするという枠組みの中で，民間に所有権を配分するのが最適となるような条件（ア．利潤追求型投資によっても消費者余剰の減少程度が低いとき，イ．利潤追求型投資が費用削減効果を持ち，かつ公的主体が運営事業者を変更する能力を持つとき）と公的主体に所有権を配分するのが最適となるような条件（ア．利潤追求型投資が社会厚生に影響を及ぼさず，かつ公的主体が運営事業者をなかなか変更できず，イ．両方の投資に効果がほとんど見られない場合）を探り出している。

2　コンセッション契約

2.1　コンセッション契約の「良き国際慣行」

コンセッション契約は，国内法規と同時に「良き国際慣行（good international practices)」に準拠したものでなければならない。OECD調査は，コンセッションに唯一の正しいモデルはなく，その国の経済，技術，社会的なキャパシティに基づき，またその国の水道事業環境況に照らして，最もよく国民・住民のニーズに適合しているモデルが「最善の水道事業モデル」であると結論付けている。

OECDが挙げている「良き国際慣行」とは，(1)デュー・デリジェンスの徹底（水道関連法規と法的枠組みの注意深い検討），(2)最適契約モデルの設計（契約の目的と事業者の権利と義務の定義），(3)サービスの供給エリアの画定（早期段階でのサービス供給エリアの確認）である。

コンセッションの手順を述べると，公共主体がまず取り組まなければならないのは，水道事業の再構築（restructuring）である。既存事業者が累積債務を抱えている場合には，公共主体は短期に返済可能な負債と返済に長期を要する負債を分離し，後者について独自に対策を講じなければならない。

ついで，水道事業の資産・債務の正確なレビューを行ったうえで，市場調査を開始し，事業計画とその要件（目的，契約タイプ，契約期間など）を記載したレファレンスを作成し，事業者向け申請書を準備して民間側に事業者募集の広報を行う必要がある。ここでは，ベースライン情報，すなわち現行水道事業体の資産状況と技術レベルに関する信頼できる正確な情報を民間側に伝えることが決定的に重要となる。

これが終わると事業者選定の手続きに入るが，そこには主に競争入札（公開型，封印型），指名交渉（competitive negotiation），および直接交渉（direct negotiation）といった方法がある。競争入札では，潜在的なビッダーのスクリーニングを介してそれにパスした事業者に入札ドキュメントを配布し，彼らが応募で提示する入札額で事業者を選定するという手続がとられているが，評価が多基準（入札額，技術面，財務面での評価）でなされる場合には，「スコアー制度」が設計されなければならない。水道業界での事業者選定は，(1)事業者の信頼度（＝事業意欲），(2)資金調達能力，(3)運営コストの水準，(4)設備更新投資に関する早期データの提出，(5)高い水道料金回収率，(6)公衆の水道サービス・ニーズへの対応と高い満足度，(7)現行スタッフの最大限の雇用確保など，多基準で実施される場合が多い。

また，コンセッション・フィーの決定も重要な問題となる。これは，既存水

道事業資産の利用権・プラス・新規利用者のサービス供給権に対する賃料であり，通常契約当初に一定額が一括で支払われ，あとは期間の中で年々支払われることになる。民間事業者は，利用者の料金未払いリスクを避けるため，年間フィーを料金収入ないし事業収入の百分比で支払うことが多い。

総じて，コンセッション計画の立案では，官民双方の正確な情報提供が非常に重要である。契約当事者が相互に確認しなければならない項目は，事業のサービスエリア，水道サービスの性格（給水量，利用者の支払状況），事業資産の基本台帳，水道料金，一般的な財務成績，人材管理（スタッフ数，賃金）などである。

2.2 業績指標とモニタリング

公共主体は，契約期間中にモニタリングすべき業績指標（performance indicators）を特定し，その調整メカニズムを明確に規定しておく必要がある。業績指標は，財務業績（営業費比率，料金回収率など），事業の効率性（非有収水量，パイプラインの故障など），営業業績（平均サービス時間／日，給水人口）などとリンクしたものでなければならない。最も一般的に用いられている指標は，(1)財務指標，(2)事業効率性指標，および(3)操業指標である。財務指標では営業費比率，賃金，エネルギーコスト，利潤性向，負債などが，事業効率性指標ではスタッフの数，事業者の給水エリアの面積，非有収水量，パイプラインの故障数，メーター測量のカバー率などが，そして操業指標ではサービス継続性，給水人口，水圧，水質，排水処理レベルなどが広く利用されている。最低限，必要とされる操業指標には，カバー率（受給人口），サービス品質（信頼性，水圧，下排水処理）がある。これらについては，契約書に定め，民間事業者に年々指標達成度の報告を求め，その情報を公開すべきであろう。ミニマムな指標基準としては，24時間給水をはじめとした水質のWHO基準があり，これに届かないことがないよう契約にサービス改善計画を定めておく必要がある。

業績指標は成果主義契約（performance based contract）のキー概念をなすが，その選択・決定にはデータの集積と事業計画シナリオが必要である。公的主体は，民間事業者が資本投資，実現可能な効率性ゲインに一定の目途が立てられるよう，契約交渉時に利用者数，財務パフォーマンス，サービス水準，資

産価値などについて正確な情報を彼に提供していなければならない。だが，実際にはデータは不正確で，入札ドキュメントの見積書が誤っている場合も多い。契約に際しては，実際の利用者数，水道ネットの総延長キロ数，消費水準とドキュメントのそれとの乖離をミニマイズしておく必要がある。

　コンセッションでは，業績指標の中で，財務指標よりも効率性指標や操業指標のほうがモニタリングにより適した指標とされている。投資と経営判断は民間事業者の責任でなされるため，彼の合理的な選択に委ねるべきだと考えられているのである。また，契約に添付される報奨罰則制度（bonus and penalty system）も，事業者の意欲を高める，いわば彼に効率化インセンティブを賦与する重要な要素とみなされている。

　業績指標の設定に続き，その指標を計測するモニタリングが重要な作業となる。モニタリングは契約の履行状況と民間事業者の目標達成度を監視する重要な役割を担っており，この点で有効なモニター制度の設計が決定的に重要な問題となる。わが国の場合，当面は自治体がその役割を担い，関連政府機関が補佐する仕組みをとることになろうが，契約の中に違反が判明したときの制裁措置と違反を正当化できる事由を定めておくのも有効な措置といえよう。

　モニタリングを効果的に行うためには，定期報告の義務付け，民間事業者との協議の場の設置と協議手続の規定，およびモニタリングに責任を持つ機関の特定が必要となる。長期契約であるため，モニタリングでは報告義務の不履行など諸種のトラブルが発生している。これを防ぐには，公的主体が民間事業者に一連の情報・データ（顧客目録，給水ネット・管路ネット図，GISシステム，給水ゾーン，貯水槽・貯水池の設置状況，利用者の苦情のデータファイル）の提出を要請し，それを分析したうえで，事業者が投資と健全な経営を持続できるよう慎重に指標を選択しなければならない。また，モニタリングコストを考えれば，指標の数はできるだけ少なく，かつ事業者が達成可能な目標値を設定することが望ましい。わが国では水道関連職員数が減少しているので，「独立水道監査士（independent technical auditor）」制度の創設を含め，モニタリングを担う人材の育成が急務といえる。

2.3　水道料金政策と財政的な責任

　料金問題は，契約の核心部分をなしている。料金制度は，インフレやサービ

ス水準の改善などとの関係で調整される柔軟なものでなければならず，不可抗力の事象や法制度の変化に対応できるものでなければならない。また必要であれば，貧困世帯への透明な補助スキームを認めるものでなくてはならない。他面，料金収入は民間事業者にとってはコスト回収のための中心をなすものでもある。このように多くの目的（コスト回収，経済効率性，公平性，アフォーダブルな価格）を同時に満たす必要があるため，料金設定は極めて難しい問題になる。

　何よりも水道事業の特性―資本集約性，投資需要に関する高い不確実性，大きな資本の非分割性―を考慮に入れて，料金を設定する必要がある。料金は原則として取水費用，貯水・配水費用，浄水費用，対象世帯への給水費用，排水・下水の回収・処理費用など一連のコストを賄うものでなければならない。料金規制の原理には平均費用価格形成原理と限界費用価格形成原理があるが，コンセッション契約では30年超の長期的な事業効率性の確保が重要な命題となることから，後者の考え方が徐々に優勢になってきている。だが，厳密に限界費用価格形成原理を適用すると，将来投資，将来需要の不確実性もあり，巨額な初期投資額や資本の非分割性による過大投資などが経営を圧迫しかねない。逆に平均費用価格形成原理を採用すると，事業効率化を阻害し，高めの料金を導きかねない。

　こうしたトレードオフもあり，現在では資源配分の効率性と財務健全さの確保を2大目的とした，ある種の混合型料金が主流になっている。料金体系についてはいわゆる2部料金制，とりわけ逓増ブロック料金，もしくは逓減ブロック料金が主流となっている。ただし，国によっては，プライスキャップ規制や報酬率規制とプライスキャップ規制の選択制度を採用している国もあり，わが国のような複雑な河川・地下水環境を持つ国で料金規制のあり方を考える場合には，こうした選択制も有力な政策オプションとなりうる。

　コンセッションでの料金調整メカニズムについては，コスト・パススルー（費用の料金転嫁），料金の指数化（物価指数への連動），料金規制の再設計などが考えられるが，経営が軌道に乗ったところでは，料金の指数化が望ましい。また，定期的に料金の見直しを行う必要もある。水道事業は，公共性を名目に料金を抑制し，独立採算を無視した経営がなされることが多く，補助金の注入が頻繁にみられる公益分野である。補助金にも，事業会計の外から注入される

もの（各種補助金・交付金）と事業者が内部的に行うもの（内部相互補助）が，またインプット・ベースのもの（コスト補填に充てられる）とアウトプット・ベースのもの（弱者，貧困世帯に直に充当される）がある。だが，いずれも源泉は税金であることに変わりなく，受益者負担原則もしくは透明性をいずれか一部損うことになるのであって，両者の優劣の判断は微妙である。

3 リスク評価と紛争解決機構

3.1 リスクの種類と対抗策

水道事業のコンセッションには，(1)市場リスク，(2)投資リスク，(3)管理・運営リスク，(4)規制・政治リスク，および(5)不可効力によるリスクなどがあり，しかもそれらは複雑に絡み合っている。(1)については，人口や利用事業者の変動に伴う需要動向にかかわるリスクと利用者の支払意思と能力にかかわるリスクが考えられる。需要の変動は新旧投資を過剰にも過小にもし，コスト変動の要因になる場合もある。(2)は，約束期限までに施設・設備の建設・更新が完了しないことによって発生するリスクであり，とりわけ長期契約で問題となる。このリスクは，地下管路の資産価値評価の難しさもあり，投資計画の修正・放棄，コストのオーバーランなどを生む可能性がある。(3)のリスクは，業績指標のパラメーターを実現できないときに現れる。(4)については，公共主体による一方的な契約変更，事業の没収，強制的な早期事業終了，および関連法規の変更などが考えられる。また，料金規制と環境規制のダブル規制が規制・政治リスクを増幅する可能性もある。(5)については，公民両者のコントロールを超えたリスクであり，自然災害，大火，伝染病や内乱，暴動，ゼネストなどが，これに該当する。

これ以外にも，外国人事業者が参入する場合には，通貨リスクが発生する。通貨リスクは，運営コスト，建設・更新コスト，金融コストへの負の効果を通して事業評価に否定的な影響を与える。たとえ中央政府がマクロ政策を通して為替レートの安定に努めても安全とはいえず，ましてや地方政府はそうした力を持っていない。

コンセッション契約には多くのリスクがつきまとうが，対抗策がないわけで

はない。(1)のリスクに対してはできるだけ正確な需要予測，(2)のリスクに対しては技術的に優れた事業者の選択，契約違反に対するペナルティの賦課，および優良保険会社の保険パッケージの確保などが考えられる。(3)のリスクに対しては民間事業者の契約不履行に備えた損害補償債の準備が考えられる。通常，その金額は一般的には資本支出計画の平均投資額に等しく設定されており，公的主体は民間事業者が目標を達成できなかったり，デフォルトを起こしたりするときには，この債権を用い事業者の資本支出の資金調達を支援できる。(4)のリスクに対しては，契約で民間事業者に対する権利と義務を明確に定め，公共主体に正確なベースライン情報の提供を義務づけるとともに料金見直しルールを設けておくことが有効と考えられる。このリスクについては独立規制機関の設置が極めて有効と考えられている。だが，予想外に生起する(5)のリスクに関しては保険にリスクの一部を分担させる以外にうまい方法はない。通貨リスクに対しては，事業者は輸入インプットや外貨借入への依存度の削減によって為替変動のインパクトを緩和できるし，スワップや先物契約で為替リスクをヘッジする手法もある。

3.2 リスクの配分とリスク・マネジメント

リスクの適正な配分がコンセッション契約上の1大テーマとなるが，それを導くにはいくつかの方法がある。第1は，報奨罰則制度であり，事業成果に基づく支払いと課徴金は，ある種のリスクについて官民が共有・分担することで事業の効率化を促すものである。民間事業者が目標値を上回った成果をあげたときのボーナスや目標を達成できなかったときの課徴金に関し，一覧表を作成する手法もある。この報奨罰則制度はコンセッション契約で有効なことが確認されている。罰則の度合は違反の重さ，期間，頻度，消費者への影響などで類型化しておくのが望ましい。両者の間に合意が形成されれば，この制度は損害賠償請求の回避を可能にもする。

第2は，政府・自治体が，民間事業者のある種のリスクに対し保証を与えるやり方である。契約書の中に，ある種のリスクに対する支払い保証，早期事業終了の条件，投資サンクコスト回収の承認，および政府の事業没収の条件など一連の事項を明記したり，契約不履行を招くような不可抗力の要素を一覧表にして盛り込んでおくといった措置（triggers）を施し，民間事業者に投資コス

トの回収を保証するのである。

　第3は，契約期間の調整である。劣悪な初期のベースライン情報が事業リスクを高める場合には，改めて情報収集と契約調整のため移行期間を設けるのも一案とされている。これは，民間事業者が商業ベースでビジネスを運営するための猶予期間とみなすこともできる。また，長期の契約期間ではそれだけ事業のライフサイクルにわたり，さまざまなパラメーターの変動を予測するのは難しくなる。このリスクを緩和するために，特に民間投資が予定されている場合には，契約のリセット・メカニズムが準備されてしかるべきである。公的主体に事業継続の有無を通知させる条項（通常，180日前に通知）も円滑な事業者の変更のために必要とされている。

　契約モデルは，コンセッションの形態に応じ，契約当事者間の責任とリスクの配分を定めている。民間事業者にリスクが移転される度合はこの契約交渉に依存することになる。ここでは民間事業者の「評判」も作用するであろう。リスクの配分は水道料金の調整ルールの有無などによっても影響を受ける。水道コンセッションのリスク・マネジメントで実際に問題になったのは，(ア)契約合意した投資計画の失敗（投資支出の遅延，資本投資計画に満たない投資支出額），(イ)政府の運営費補助の遅れに伴う人件費などの未払い，(ウ)料金値上げの遅延に伴う民間事業者の収入不足，(エ)コンセッション・フィーの未払い，(オ)賞罰執行の遅延，(カ)民間事業者の事業計画の遅れ，などである。

　元来，リスクマネジメントは重要な経営戦略をなすが，水道事業ではリスクが多方面に分散しているため，極めて難しい問題となる。ケーススタディの結果をみると，リスクの緩和に成功している国もあれば，失敗している国もあり，なかには緩和措置をほとんど講じていない国もある。リスク緩和措置は，契約の目的，タイプ，および規制環境などに応じて適正に講じられなければならないが，報奨罰則制度と規制リスクの水道料金による調整は最低限必要とされる緩和策である。これにより民間事業者の側に経営改善のインセンティブが働くためである。

3.3　紛争解決機構

　水道事業には不確実性とリスクがつきまとうので，コンセッションは失敗することもある。最近でも政府による一方的な水道料金の水準・体系の凍結と

図表 7 − 2 成果主義契約における良い契約慣行

	原則	良好な契約慣行
法制度の枠組み	1. 適正な規制とモニタリング 2. 政治的独立性	・規制機能と水道運営機能の分化 ・独立規制機関
契約準備段階	1. デュー・デリジェンス	・法・規制制度の点検 ・水道事業の資産と負債の評価 ・リスク評価とその緩和策
	2. 当局による目標の設定と事業者責任の明確化	・供給エリアの画定と事業目標の設定 ・官民双方の権利・義務の定義,共同責任領域の画定
	3. 競争入札	・競争入札の手続きの決定 ・技術,財務評価の問題
	4. 最初のデータの質	・事業開始時のデータの確認 ・事前の資産評価
業績指標	1. 業績指標の選択とその正確な定義	・少数の現実的に計測容易な指標の選択 ・目標達成の期限枠,遵守度測定,非遵守への制裁措置 ・計測手法の特定 ・モニターに責任を持つ機関の指定
公共主体の料金設定と財務責任	1. 健全な料金政策(財務活力,社会的目標,経済効率性)	・料金設定公式を契約に記載 ・料金体系の決定 ・料金見直しメカニズムの設置 ・超過利潤の定義とそれが発生した場合の再投資要求 ・料金値上げの際の公聴会の開催
	2. 財務上の責任	・投資の資金調達について責任を負う場合,それを契約に明記すること ・投資金額と期限枠を明確に定義 　契約条項で定めている場合,補助金給付の義務を負うこと。貧困層をターゲットにした補助金スキームの透明化と内部相互補助の回避
契約モニタリング,紛争解決,および契約執行	1. 契約履行を監視する効果的なシステム	・モニタリングの実施と報告の義務付け ・報告書のフォーマット,報告の頻度,公共主体によるフィードバックの手続きの決定 ・モニタリング機関の特定
	2. 紛争解決メカニズム	・諸種の紛争解決手続の列記(司法,準司法,調停制度),その適用順位の明確化 ・事業補償債,親会社の保証,保険政策
リスク・マネジメント	1. 適正なリスク管理	・重要なリスクの確認とその公正な配分 ・契約タイプ,当事者のリスク態度,規制環境に応じたリスク緩和措置の策定 ・ボーナス・ペナルティの計算方法の特定

(出所) OECD [2011] をもとに筆者作成。

いった問題や民間事業者の過少投資といった問題が法廷に持ち込まれている。こうした事例が示すように，成果主義契約をベースにしても紛争解決手続きは不可欠であるといえる。

　紛争解決を支援する装置やテクニックは多様である。代表的には，(1)法廷による裁決，(2)独立規制機関のような準司法的行政機関による決定，(3)調停制度（arbitration）ないし審議会・専門家パネル（tribual, panel）による解決などがある。このうち，(1)は時間とコストがかかり，長びくとコンセッションの失敗につながりかねない。これに対し，(2)と(3)は迅速な解決が可能であり，あまり費用もかからない。とりわけ，(3)は民間事業者との頻繁なコンタクトを通し官民連携を構築しておけば，トラブルが発生したときに有力な紛争解決装置となる。そこでは，契約当事者が指名した，特殊な問題に経験と知見を有する調停員ないし水道事業に精通している専門審議員が合意に基づき両当事者に対し拘束力のある決定を下すことになる。したがって，紛争解決にはできるかぎり調停の制度化が指向されるべきであろう。当事者間の信頼性が維持される可能性が高く（取引上の秘密厳守），専門性，中立性，および清廉性（高い道徳・倫理性）が確保されやすいからであろう。また紛争の種類を，あらかじめ「法廷向け紛争」と「交渉向け紛争」に区分しておくやり方も有効であろう。

　紛争解決機構の設置と並行して，契約履行の保証メカニズムの整備も必要となる。最もよく利用されているのは，保険制度であり，それ以外にも親会社による履行保証（parent company guarantees），損害補償債（performance bonds），相殺請求権（set-off rights），保険の連帯責任（co-naming on insurance），罰則規定（penalty）などが利用されている。なかでも，損害補償債と親会社による履行保証が，よく用いられている。損害補償債の発行には国際的な金融機関（AA格付け）による最低3年間の保証と水質の安全性（security）に関する国連指標のクリアなどが，その要件となる。

　最後に，OECDが国際的に良い慣行としている成果主義契約の重要項目を一覧表にまとめておく（図表7－2）。

4 OECDチェックリストと再公営化

4.1 官民連携に向けた行動指針

　OECDは2008年にアフリカ，アジア，中南米でラウンド・テーブルを開催し，水道投資イニシアティブ計画の支援を決定し，官民から専門家を集め，国際規模での水道事業推進のためのガイダンスを作成した。それまでは民間参入は期待外れに終わっていた。OECDは，その背景に水道事業の規制の硬直性があることを認め，改めて水道事業計画推進のための指針となる「公共アクションのためのチェックリスト」を提出したのである。

　チェックリストは，28項目からなるが，その中の重要項目を簡単に紹介しておく。まず事業者の「官民の選択」だが，その決定は，給水のオルタナティブ・モード，インフラ整備システム，および事業計画のサイクルにかかる財政費用を考慮した費用便益分析に基づき行われるべきであるとしている。また，「民間経営モデルの適用」では，官民の間のリスクと責任の配分を決定したモデルを適用すべきであるとしている。さらに，「インフラ投資のための環境整備」では公共主体は法の支配，契約の遵守に目を配り，「贈収賄・腐敗の防止」に努めながら，「競争環境の創設」（不必要な参入障壁の廃止）に向けリーダーシップを発揮すべきあるとしている。

　「契約」では，特にコンセッションでの資金調達に関し，投資家が抱えるリスクと再契約確率との間にトレードオフがあることに留意する必要があり，また中小事業者の参加機会の拡大にも努めるべきであるとしている。さらに，事業者間の成果比較を通した「ベンチマーク＝ヤードスティック競争」の推進を図り，地域金融市場，国際金融市場へのアクセス制限を段階的に廃止し「資本市場へのアクセスの容易化」を図るべきであるとしている。総じて，コンセッション政策の目的を政府のあらゆるレベルで共有し，また住民の理解を得るために目的達成手段，経営資源，ユニバーサル・サービス，用地問題などについて十分な説明を行うべきであるとしている。

　「コンセッション契約の手続」では，契約デザインは柔軟性を備えた「成果主義契約」が望ましく，インフラ投資の責任と予想外の出来事が起きたときの

リスク配分を特記しておく必要があるとしている。契約履行を支える制度として，商業機能と規制機能の明確な分化，ルールの予見性，説明責任，および利害関係者の不当な影響力行使の防止のための，独立規制機関が必要であるとしている。また，民間部門が持つキャパシティを喪失させないよう，規制政策にはワンストップショップやオンライン免許などを設けるべきだとも提言している。

「民間事業者への公正，忠実，非差別な行動の要請」では，長期契約において当事者が環境の変化，技術の変化に柔軟に対応できるように留意し，不必要な再交渉を回避するために，諸種の方策（たとえば，報酬率規制の採用による投資リスクの軽減，戦略目標の変更，そして安易な再交渉の回避策（事業補償債，ステップ・イン・ライト，再交渉料金の徴収）を講ずるべきであるとし，紛争の発生に備え「紛争解決機構の設置」が欠かせないとしている。また，民間事業者に「忠実な商行為」を求めると同時に自らも事業構造，財政状態，業績に関し信頼できる情報を民間側に提示する必要があるとしている。さらに，「収賄の防止」では，規制当局のコミットメント，サプライチェーンを含めた全体的な綱紀粛正とスタッフへの適正な所得保証が必要であると述べている。最後に，「消費者との対話」では，一般公衆との対話機会の設定，協議への民間事業者の参加などが必要であるとしている。

公共主体は最終的に事業計画の結果に責任を持たねばならず，民間を参加させる場合には，それが従来型の経営では避けがたい悪しき事態を回避するのに不可欠であったことを説明する必要がある。

4.2　コンセッションの失敗と再公営化の流れ

コンセッションの失敗から再公営化を支持する見解も出てきている。E. ロビナ（E. Lobina *et al.* [2014]）らは，2000年から2014年の15年間で，上下水道を再公営化した自治体（大小の都市）は，世界35カ国の180都市に及ぶと報告している。

この数は全体からみたらそう多くはないが，先進国の，しかもそのうちに近隣に大きな影響力を持つ大都市を含んでいる点で看過できない。

彼らによると，この動きの多くは官民連携契約の終了時に公共側が再公営化するというかたちで（92件），また契約終了後に民間水道事業者の側が契約更

新をしないというかたちで（69件）なされている。再公営化のうち，81件は2010年－2014年の期間に起こっており，これは2005－2009年のペース（41件）の約2倍になっている。コンセッション失敗の主だったものを調べると，民間事業者の貧困な業績（多くの都市），過少投資（ベルリン，ブエノスアイレス），運営コストと資材の値上げをめぐる紛争（マプト，インディアナポリス），急上昇する水道料金（ベルリン，クアラルンプール），民間事業者に対するモニタリングの困難さ（アトランタ），不透明な財務状況（グルノーブル，パリ，ベルリン），および雇用カットと水道サービスの劣化（アトランタ，インディアナポリス）などとなっている。

　世界規模で水道民営化・コンセッションを主導してきたのは，フランスのベオリア，スエズ，ソウア，ドイツのRWE，スペインのアクアリア，米国のユナイテッド・ウォーター，イギリスのいくつかの民営水道会社などである。いずれも，世界規模で水道コンセッションを担ってきたが，必ずしも成功を収めているわけではなく，特にフランス型の「水道民営モデル」は利潤最大化指向モデルと評され，現地で問題を生むケースが多いといわれている。

　問題が生じた都市では，公営モデルのほうがインフラ投資の増大，料金制度の見直し，従業員のトレーニング，およびユニバーサル・サービスの普及などで社会的便益をより良く改善すると期待されたわけだが，そもそも公営の下で社会的便益が相当程度実現されていればコンセッションなど必要なかったはずであり，再公営化でたとえ経営決定への市民参加，オープン・スペースの設立，自治体代表の経営陣への加入があっても，それが将来の成功を保証しているわけではない。

　コンセッションの失敗は，主に契約前の情報の非対称性と成果主義契約のモニタリングの不備にその原因があったとみてよい。再公営化には取引コスト（民間事業者による訴訟，議会の反対，違約金問題，株式の買い戻し問題，国際仲裁裁判所の介入など）もかかることを考えれば，コンセッション契約を結ぶ際に細心の注意を払う必要がある。何よりも重要なのは，信頼関係であり，その上に立ってこそ官民の間に「Win-Win」の関係を築くことができるのである。

5　おわりに：水道改革の２大ポイント

　長期的な視点に立って水道コンセッションの推進を考えると，既存の法制度の改正をはじめとし，いくつかの改革措置が必要であることがわかる。法律的には，所管が分かれている水道法と下水道法を水資源管理・循環システムの構築という広い視点から統合すること，現行PFI法と指定管理者制度を，多様な民活形態を包括したコンセッション法へと統合することが，重要な課題となろう。またそこには成果主義「契約」の基本概念，監視制度の設置，紛争解決機構の設置などを盛り込む必要があろう。加えて，これと並行して公営企業会計基準（特に投資関連部分）の改正も必要となる。

　制度的には，水道法（Water Code）の施行状況を監視し，「飲める水（drinking water）」と「手頃な料金（affordable price）」の確保にコミットする独立規制機関の設置が望ましいし，またこれと並行して現行の水道行政関連機関（厚労省の上水道課，国交省の下水道局，環境省の水質管理部局など）をその所管省庁から分離し，水資源を一元的・包括的に管理する新たな独立政府機関（＝たとえば，「水資源庁（National Water Council）」）を創設するのが望ましいであろう。

注

1）　ハースタッドら（Harstad and Crew [1999]）は契約期間終盤での投資減退問題を解決する手法として，契約終了後の再オークションで得た収入の一部を元の運営事業者に与える方式を提案している。そうすれば，投資インセンティブが減退することはないというのである。ゴーシュ（Gausch [2004]）などによると，この方式はラテンアメリカで実用例があり，一定の成功を収めているとのことである。
　　コンセッションでは，民間事業者が供給する水道料金で競争入札を行うのか，契約者間の一括移転額で競争入札を行うのか，が問題になるが，エンゲルら（Engel, Fisher and Galetovic [2001]）らは「プロジェクトから得られる収入の現在価値」でオークションを行うべきであると提案している。彼らはこれをLPVR方式（Least Present Value Revenue：最小現在価値収入）方式と呼んでいる。ここでは，事業者は将来収入の現在価値でオークションを行い，最も低い金額となる者がオークションを制することになる。このLPVR方式の特異な点は，コンセッションの契約期限を定めていない点にあり，オークションで定めた収入の上限に届いたときに契約期間が終了し，新たな入札が開催されると

いう点にある。この方式の利点は，契約後の経済ショックによる環境の変化に対して一定の頑健さを持つことにある。需要変動などによって収入が減少するような場合には，契約期間は自動的に延長される。また，反対に収入が増加する場合には，契約期間は早期に終了することになる。エンゲルらは，この方式は運営事業者の情報レントを抑制し，彼らが超過利潤を貪るリスクを緩和すると主張している。

2) コンセッションでは，(1)再交渉，(2)腐敗，(3)事業効果測定の3つが公共主体が直面する重要な問題となる。再交渉問題は，契約当事者が機会主義的な行動に駆られることから発生するが，情報の非対称性や埋没費用の大きさに起因していることも多い。たとえば，技術革新による運営費用の低下を当局が完全に把握できなければ，再契約で，従来通りの料金申請を認めたり，設備投資の費用埋没性が事業者の撤退を困難にしている場合には，両者の交渉力に差を生み出すこともあろう。

この問題に関して，ゴーシュはラテンアメリカ・カリブ海地域の国において1990年から2000年にかけて実施された約1,000件の公益事業のコンセッションについて調査研究を行い，再交渉がどのような項目をめぐりなされたかを調べている。水道事業は，他の公益事業に比しコンセッションの利用頻度は高く（89％），投資ターゲットの拡張，サービス料金の値上げ，料金への転嫁費用項目の増加などが再契約の主たる対象項目とされている。また，再交渉は平均して契約後2.2年程度で発生している。これが資金投入の初期段階であることを考慮すれば，契約当初は民間事業者が優位に立ち，強い交渉力を持っていることがわかる。

腐敗問題とは，事業の効率性が官民談合などの協調的な行動によって阻害されることを指す。入札制度の設計が不十分ならば，特定の事業者が有利となり，競争効果が期待できない。腐敗問題に関しては，PwC（PwC and Ecoys [2013]）等の調査研究が，欧州8カ国192事業のサンプルを用いて，腐敗コストを推計している。このコストは，正規の手続

図表7－3 オフワットの業績指標

指標一覧			
消費者関連	サービス・インセンティブ・メカニズム	屋内氾濫	断水
責任と利便性	非インフラに関する水サービスの有用性	インフラに関する水サービスの有用性	非インフラに関する下水サービスの有用性
	インフラに関する水サービスの有効性	漏水	供給の予防措置に関する指標 (Security of supply index: SoSI)
環境への影響	温室効果ガス	汚染事故（下水）	深刻な汚染事故（下水）
	十分な汚泥処理能力	下水処理能力	
財務指標	税引き後資本利益	信用格付け	ギアリング (自己資本と他人資本の比率)
	利子負担		

(出所) OfWat [2013] "Key performance Indicators guidance".

きで実現するコストよりも談合などで高いコスト水準になること（＝費用超過分）と正の社会厚生を生み出さないのに事業が実施されてしまったことによる社会的損失の合計であるとされている。下水道処理事業での発生頻度は約20～40％、事業規模に対するコストは２％前後であると指摘している。水処理事業で腐敗問題が頻繁に発生する理由の１つは、官民の癒着が生じやすい「総合評価方式」で事業者を選定している点にある。発生頻度のわりに、腐敗コストが他の公益事業に比べ低水準にとどまっているのは、水道事業にイノベーションが起こりにくく、レントの余地が少ないことに関係していよう。

　事業効果測定では、現状（do nothing）と比較し事業を行うことで正の社会便益を得ることができるならばそれを実施するというValue for Money（VFM）の考え方が出発点となる。実際、PFI事業ではVFMが事業実施の判断の有力な手段となっている。だが、コンセッションで投資の抑制、財政健全化が可能になるとなれば、公共主体にはそれを選好する性向が生じ、それがVFMの客観的な算定を阻害する可能性もある。VFMは事業収入を正味現在価値で見積もるので、公共側がサービス需要を過大に見積もり、無理なコンセッションに走る可能性もある。

3)　イギリスのオフワットの業績指標は公開され、市民の関心も高い。重要な業績指標は、４群のグループに分けられ、20～30個の指標でモニタリングされている。ちなみに、イギリスのオフワットの業績指標は、(1)顧客サービス：３項目、(2)信頼性・利便性：６項目、(3)環境インパクト：５項目、(4)財務関連：４項目の４群に分かれており、それぞれ、モニタリングが実施されている（**図表７－３**）。

　OECDによれば、(1)業績指標を投資関連に絞るのは十分な効果を生まず、(2)指標はその数が少なく、モニターしやすいものを選ぶほうがベターである、また、(3)指標の達成目標の水準・時期、モニタリングの測定手法についてはあらかじめ契約で合意しておくべきである、さらに、(4)元データな貧弱なときには、ベースラインに沿ってそれに上積みするように漸進的に数値を改善していくべきであるなどとこれまでの教訓を伝えている。わが国の「手引き」は「水道事業ガイドライン」に示されている137項目のPI（Performance Index：業務指標）の利用を推奨している。「水道事業ガイドライン」自体はPIとして「安全」項目で11指標、「強靱」項目で３指標、「持続」項目で８指標、「管理」業務で８指標の合計40指標を推奨し、モニタリングにより目標水準が未達の場合には、公共主体は民間事業者に改善計画書の提出を求め、場合によっては委託費減額・支払停止の措置を講ずるべきであるとしている。だが、平成21年度のデータによると減額査定を行ったのは６事業体、支払停止を行ったのは12事業体にすぎない。

参考文献

Demsetz, H. [1968] "Why regulate Utilities?," *Journal of Law and Economics*, Vol.11, pp.55-65.

Engel, E., R. Fischer and A. Galetovic [2001] "Least-Present-Value-of Revenue Auctions and Highway Franchising," *Journal of Political Economy*, Vol.109, pp.993-1020.

European Parliament and the Council of the European Union [2004] DIRECTIVE 2004/17/EC OF THE THE EUROPEAN PARLIAMENT AND OF THE COUNCIL of 31 March 2004 coordinating the procurement procedures of entities operating in the water, energy, transport and postal services sectors.

European Parliament and the Council of the European Union [2014] DIRECTIVE 2014/23/EU OF THE EUROPEAN PARLIAMENT AND OF THE COUNCIL of 26 February 2014 on the award of concession contracts.

Guasch, J. L. [2004] "*Granting and Renegotiation Infrastructure Concession: Doing It Right*," WorldBank Institute Development Studies.

Hart, O. D., A. Shleifer and R. W. Vishny [1997] "The Proper Scope of Government: Theory and Application to Prison," *Quarterly Journal of Economics*, Vol.92, pp.1127-1162.

OECD [2011] "GUIDELINES FOR PERFORMANCE-BASED CONTRACTS BETWEEN WATER UTILITIES AND MUNICIPALITIES Lessons learnt from Eastern Europe, Caucasus and Central Asia".

OfWat [2013] "Key performance Indicators guidance".

Harstad, R. M. and M. A. Crew [1999] "Franchise Bidding Without Holdups:Utility Regulation with Efficient Pricing and Choice Provider," *Journal of Regulatory Economics*, 15, pp.141-163.

Williamson, Oliver [1976] "Franchise Bidding for Natural Monopolies –In General and with Respect to CATV," *Bell Journal of Economics*, Vol.7, pp.73-104.

エマニュエレ・ロビナ，岸本聡子，オリヴィエ・ビティシャン [2015]「HERE TO STAY—世界的趨勢になった水道事業の再公営化」Public Services International Reserch Unit, Transnational Institute, Multinational Observatory, PSI加盟組合日本協議会（PSI-JC）。

厚生労働省 [2014a]「水道事業における官民連携に関する手引き」
http://www.mhlw.go.jp/topics/bukyoku/kenkou/suido/houkoku/suidou/140328-1.html
（2017年4月閲覧）

厚生労働省 [2014b]「上水道分野におけるPPP/PFI等について」
http://www.kantei.go.jp/jp/singi/keizaisaisei/bunka/ricchi/dai2/siryou5.pdf（2017年4月閲覧）

第8章
上下水道事業とファイナンス

1　はじめに：進化が求められるファイナンス

　日本では，これまで水道事業（上下水道，工業水道）は，原則自治体がサービスを提供してきた。2011年5月にPFI法改正が行われ，コンセッションが導入されることとなったが，コンセッション方式による事業は，民間事業者がインフラ事業の運営を30～50年程度の長期にわたり独占的に行い，利用者からサービスの料金収入を直接収受して独立採算の事業を行うものである。サービス購入型と比べて民間事業者はより多くのリスクを負担する一方，自由度も大きくなるため，新たなビジネスモデルを工夫し，サービス水準の向上や収益増加を通じた事業価値増大が期待できる。人口減少，少子高齢化，財政逼迫などの課題を抱えるなか，このようなメリットを期待できるPPPを活用することはもちろん大切であるが，リスクの分担やビジネスモデルが大きく変わる一方で，事業を支える資金調達については相応の変化は起こっていない。本章では，水道事業の資金調達がどのように行われてきたかを概観したうえで，海外インフラPPP市場で近年大きく注目されているインフラファンドを紹介する。さらには，水道PPP事業の成功例としてマニラウォーターの事例を取り上げる。

2　日本の水道事業ファイナンス

　日本では1950年代以降，年平均10％超の経済成長が続く高度経済成長が実現した。重化学工業やエネルギー開発などに優先的に資金が投入され，国全体の投資資金は大きく不足し，同時に急速な経済成長と農村からの人口移動で大都

図表 8 − 1 地方公共団体金融機構の概要

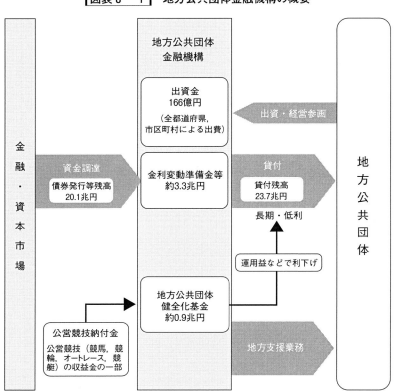

(注) 計数は平成28年度末。
(出所) 地方公共団体金融機構ホームページ。

市圏の人口が急増し、生活環境の悪化が大きな問題となった。上下水道普及率は依然低位（上水道約4割、下水道約1割；1955年当時）のままであり、水系経口感染症（コレラ、赤痢、腸チフス、パラチフス）の罹患者数は10万人を数えた（金子光美［2006］）。さらには、工業化による水質汚染も問題となり、上下水道の整備が喫緊の課題となった。

政府は積極的に生活環境改善を進めるため、1952年には都道府県市町村に上下水道事業を行う事業主体を設置することとし、それ以降水道事業は自治体が地方公営企業として運営するようになる。さらには1957年に上下水道事業への資金供給機関として、政府（自治省・大蔵省）全額出資の政府系金融機関であ

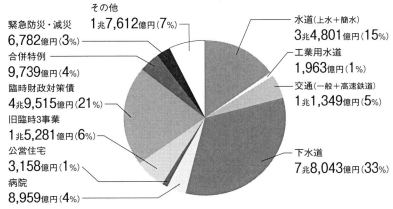

図表8－2 機構の貸出残高内訳

(注) 計数は平成28年度末。
(出所) 地方公共団体金融機構ディスクロージャー誌2017年度版。

る公営企業金融公庫（以下，公庫という）が設立されることとなる。以降，水道事業は公庫を通じた設備投資資金調達（地方債の発行）が可能となり，日本の上下水道普及率は驚異的な成長を遂げることとなる。

2008年，公庫は政策金融改革の一環として廃止されるが，同時に自治体の出資で設立された地方公共団体金融機構（以下，機構という）に一切の権利・義務を承継し，その機能を受け継ぐこととなった。公庫，機構ともに，自治体の上下水道，工業水道，交通，病院などの地方公営企業に対し長期・低利の貸付を行うことがその任務である（**図表8－1**）。貸付先は全都道府県を含む2,165団体（平成28（2016）年末）で，貸付残高は23兆7,200億円（同）である（**図表8－2**）。

機構は，自治体が経営する全国の水道事業に対して融資を行っており，平成29年実績ベースで，上水道事業（2,081事業）に1,723億円，下水道事業（3,639事業）に3,257億円，工業用水道事業（154事業）に101億円の貸付を行っている。残高ベースでは，下水道事業が7兆8,043億円と最も多く（33％），上水道事業も3兆4,801億円（15％）と，上下水道だけで全体の半分近くを占め，日本の上下水道のメインバンクといってもよい存在である。

公庫・機構は，高度経済成長期に国全体として資金が不足する時代に，地域

にとって重要な水道事業に対して適時に資金供給を行うことで，生活環境の改善を進め，側面から日本の高度経済成長を支えた。浄水場，汚水処理場設置のための土地，大型構築物や地域を網羅する上下水道の管路の新規整備のための資金需要は膨大なものであった。当時，まだ購買力も高くなかった国民全般に低廉な水道サービスを提供する地方公営企業に対して，全国一律に整備のための低利・長期の資金を提供した公庫・機構の役割は高く評価される。

一方，生活環境インフラとしての上下水道の整備がほぼ全国に行きわたり，80年代以降には上水道普及率も9割を超えたなかで，現在の社会経済環境とは大きく条件が異なる60年前の制度を続けていくことについてはいくらか疑問も残る。

1つは，事業の建設から運営管理にフェーズが移り，また人口減少や更新時期を迎えた施設の見直しに伴う施設の統廃合などが重点施策となるなかで，ほぼ一律に低利・長期の貸付が行われることである。機構の貸出は，上下水道事業に対して行われるものであるにもかかわらず，その審査においては，個々のプロジェクトの事業性や事業のビジネスモデルの評価は行われていない。自治体財政措置や総務省の自治体監督制度という形式的な審査[1]で，事業の経営改善，事業の実情に応じた効率化や成長に向けたインセンティブ効果が期待できるだろうか？

経済が黙っていても成長し，人口や利用料収入も右肩上がりで増える時代であれば，形式面のチェックのみでも十分であろうが，現在の環境のもと，人口は減少し，技術革新や社会のニーズの変化もあり水道の利用も減少傾向となっている。

地域の事情を反映した運営が求められるのであれば，資金調達もそのような事情を反映する仕組みに変わらねばならないだろう。事業と資金調達は表裏一体である。新しい時代に向けて水道事業のあり方の見直しが進むなか，資金調達だけ旧態依然とした制度を続けるのであれば，事業の見直しの足を引っ張ることになりかねない。さらには国や自治体の過大な関与や資金面でのサポートが，個別の事業経営の緊張感を緩めてしまう可能性もある。水道事業ではすでに一定の普及・整備が完了している。今後は財政逼迫，人口減少などの地域の課題に対応して，より個別事業ごとの管理運営が求められることとなり，資金調達についても同様な視点での改善が望まれる。

第2には，機構の水道事業に対する貸出期間が超長期（30〜40年程度）であることである。高度成長の下での新規の事業整備であれば，長期にわたり安定して使える施設を長期の資金調達で整備することにはメリットがある。しかし，現在の日本の社会経済環境下で今後30年間固定的な資金を供給し続けることは果たしてその事業にとって望ましいことなのであろうか？　ICTをはじめとする技術革新により，水道事業の事業構造が大きく変わる可能性もある。さらには人口減少，そして節水技術の進化により水道サービスに対する需要が大きく減少する可能性もある。広域化が進めば，重複する施設は統廃合を求められるものも出てくるだろう。

　機構・公庫からの貸付金（公営企業債）を返済期限前に返済するためには，原則「補償金（繰上償還に伴い機構が被る損失見合いの金額）」を支払わなければ返済できない仕組みとなっている。したがって，今後もこのような一律長期の資金調達を続ければ個別の水道事業においてファイナンスの見直しも必要となる。新たなビジネスモデルの採用や広域化などによる事業の統合を行いたくても，補償金が障害となって前に進めることが困難な可能性もある。前述の審査とも関連する話であるが，今後大きく環境変化が想定されるなか，必ずしも従来通り政府からの一律の資金調達が最良の選択であるとは限らない。地域のインフラ運営の継続性を今後も担保するためにはより個別事業や地域の事情に応じた運営が求められるが，その資金調達についてもこれまでの一律低利・長期のものから，個々の事業課題の解決を促すものへの変革が求められることとなろう。次節においては，民営化先進国で従来型の資金調達方法に代わって大きな役割を果たしているインフラファンドを紹介する。

3　グローバル市場におけるインフラファイナンスとインフラファンド

3.1　インフラファンドとは

　地域の抱える課題を反映して水道事業の改革を進め，事業の継続性を担保していくためには，多様な資金調達手法を導入し，個々の事業のガバナンスを確保するための新陳代謝的な取り組みが求められる。日本の社会資本整備におい

てはこれまで前述の機構に代表される政府部門や間接金融（銀行融資）による資金調達が主要な位置を占めてきた。一方，海外においては1990年代以降，金融自由化の流れも受け，インフラ事業の資金調達においても証券・資本市場を中心に急速にメニューが拡大してきた。本節ではその代表例としてのインフラファンドについて説明する。

インフラファンドとはその名のとおりインフラ，すなわち交通（道路，鉄道，空港，港湾），環境・エネルギー（上下水道，電力，ガスなど），通信，社会インフラ（病院，刑務所，学校など）に長期の投資を行うファンドである。インフラファンドは1990年代半ば以降，年金基金の投資先として豪州を中心に始まり，2000年代前半までに全世界のPPP/PFI先進国に急速に広まった。インフラファンドには，2014年に東京証券取引所に設置されたインフラファンド市場のように証券取引所に上場する上場インフラファンドと，一定の投資期間を定めて主に機関投資家から大口の資金を集める私募（非上場）ファンドがあるが，ファンドの数や運用金額をみれば後者が圧倒的に多い。現在世界中で2,200を超えるインフラファンドが設定されており，大きなものでは158億ドル（1兆7,400億円）の私募ファンドも存在する。このようなインフラファンドの急速な発展には，以下のような背景がある。

①インフラ所在国に巨額の投資ニーズが存在したこと。すなわち，先進国ではインフラの更新投資需要の拡大や政府部門の財政負担軽減のために民間資金を活用しようというニーズが高まった。一方，新興国では経済成長に伴う急速な都市化，人口増・所得増に伴い，国民から交通，生活環境，エネルギー，通信などの分野で新規のインフラサービスへのニーズが高まるが，かつて（1950年代）の日本同様，財政基盤が十分ではなく，財政，外国による政府開発援助（ODA）などに加え，民間ベースの事業運営，資金調達へのニーズが高まった。
②民間資金導入により，従来，官業として行われてきた非効率なインフラ事業に，インフラファンドの持つ「民間的経営感覚」で経営の質が高まったこと。
③投資先のインフラ事業は長期の資金運用を行う年金基金や保険会社にとって，収益が比較的安定している魅力的な投資対象であり，インフラ案件の

発掘，目利き，投資管理を行うインフラファンドが人気を集めたこと．

インフラファンドの勃興により，非効率な運営の代名詞であったインフラ事業は大きく生まれ変わる．民間事業者や投資家（インフラファンド）にとっては新たな事業分野であるとともに安定した収益を得られる機会となった．経営・技術革新により利用者のニーズに配慮した事業運営を行えば，良いサービスに対応して，利用者は事業のヘビー・ユーザーとなり事業はさらに安定する．政府は事業を民間に任せることで関連政策の整備，改善や事業のモニタリングという役割に徹して，自らのリソース（財政資金，人員）をよりニーズの高い分野に振り向けられることとなる．先進国，新興国を問わずインフラファンドはインフラ事業の重要なプレイヤーとして注目を集め続けている．

3.2 インフラファンドの仕組み

インフラファンドは前述のとおり，年金基金や保険会社などの投資家から資金（エクイティ）を集めてインフラ事業に投資を行い，その運用実績に応じた配当（リターン）を投資家に配分する投資スキームである．決まった期日に定額の金利を支払う銀行預金や債券とは異なり，ファンドではあらかじめ運用会社が投資家と約束した運用目的の成果である運用成績によって支払われる額が変動する．したがってインフラファンドを理解するためには，その運用目的と運用会社の能力・役割を理解することが重要である．

インフラファンドの運用目的は，①特定のインフラ事業に資金を投じて中長期に安定的な収益を得る，②ビジネスモデルの工夫を通じて積極的に付加価値創造を行い事業価値の保全を図る，など事業の安定継続性や中長期の成長というキーワードが目的として盛り込まれることが多い．インフラファンドにはファンドという言葉が含まれているため，買収後に事業資産の切り売りを行って利益を出す一部のハゲタカファンドからの連想で，一攫千金的に短期的に投資利益を何倍にもすることを狙うものと誤解されることもある．しかし，インフラファンドは投資先のインフラ事業が長期にわたり安定的に運営され，毎期安定したキャッシュフローを生み，さらには事業の成長を通じて長期的に事業価値が向上することを目指すものであり，いわゆるハゲタカファンドとは全く異なる投資哲学を持っている．

運用会社は，投資対象案件の選定や事業運営を行うほか，銀行や会計・税務・法務，技術などの専門家との調整を通じて投資収益の向上を目指す。**図表8－3**，**図表8－4**のとおり，運用会社はインフラファンド（実際にはファンドの株主である年金基金等の投資家等）の委託を受けてファンドに代わって事業の成長や安定運営に向けて専門家や利害関係者との調整を行う。

　インフラ事業の付加価値創出を目指し，ビジネスモデルの策定，投資先業界の分析，オリジネーション，デュー・デリジェンス，入札案件への応札，（デットも含めた）資金調達，利害関係者（建設会社，コンサルティング会社，オペレーションパートナー，利用者，周辺住民，インフラ利用者等）との調整・交渉，制度改善のための当局等との交渉等，運用目的を着実に実行するためのさまざまな実務を行う。インフラファンドは上述のように，運用会社が中心となり，事業を改善することで民営化先進国のインフラ事業で大きな役割を果たしてきた。

　インフラ事業の民営化には当該国の財政状況改善を目的とする場合もあるが，むしろそれまで官業のもとで十分に機能しなかった個別事業の改善といった課題解決型のものも多い。水道事業でいえば，無収水率の高止まりや限定された水道利用可能時間，低位にとどまる接続率などである。その背景には経営管理の問題が存在することも多く，職員のモチベーション不足や不十分なトレーニングに起因するサービス低下などの問題もある。さらには財務面での脆弱性から十分な設備投資や研究開発が進まず，それが現場のサービス低下につながるケースもある。

　インフラファンドのアプローチは，そのような課題を抱える事業に対して，経営・技術的な知恵や知見で光を当て，現場の課題に1つひとつ向き合い改善を行うものである。さらにはサービスを向上させ利用者の満足度を高めることで，究極的に収益増を実現できる見込みがあればファンドの得意な資金投入を行うこともある。前節で高度経済成長時代以来水道等のインフラに対して長期資金提供を行うことで重要な役割を果たしてきた公庫・機構の資金の問題点について検討したが，地域の構造（人口構成，成長可能性等）が大きく変わった日本の水道事業においても，課題解決のための知恵と相乗効果を発揮させるような資金供給が求められている。複数のインフラ事業で成功経験を蓄えたインフラファンドを活用することで，地域の水道事業に新たなアプローチが加わる

はずである。日本でも地域の水道事業の課題解決のために，インフラファンドを活用する時期がそろそろ来ているのではないであろうか。

図表8－3　インフラファンドの投資ストラクチャー

- 生損保, 年金, 銀行といった主要機関投資家から幅広く資金を集めるのが一般的。
- 国内投資家の資金のみであることが多いが，海外投資家からの資金も集める場合には，タックスヘイブンに置かれたビークルを経由させることもある。

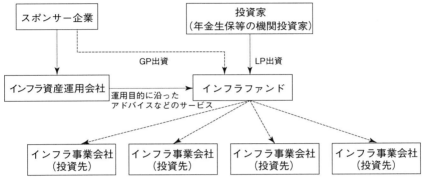

(出所) 筆者作成。

図表8－4　インフラ事業における基本スキーム

- リスク負担の原則：リスクを「安く」コントロールできる者が当該リスクを負担する。

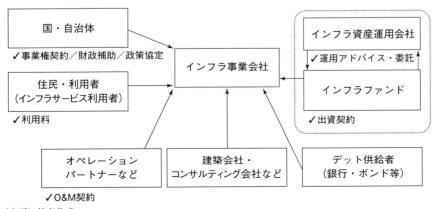

(出所) 筆者作成。

3.3 インフラファンドと監督機関：イギリスにみる政府とファンドの成熟した関係

上下水道の民営化は19世紀のフランスで，水道事業の一部を民間委託する形で始まったが，資金調達も含む事業全体の民営化は，20世紀後半イギリスのサッチャー政権下において，公共事業の民営化として行われたのがはじまりである。

それまでイギリス（イングランドとウェールズ）の上下水道事業は，自治体が管理し，数千の事業体が存在していた。1973年に水道事業の規模の経済や流域ごとの上下水道の合理的な管理運営の実現を目指して，1973年水道法（Water Act 1973）が制定され，それまでの細分化された水道事業が10の流域管理局（Regional Water Authority）に集約され，水道事業会社として公社化が行われた。

そして公社化を通じて広域化および事業会社化が実現したのち，サッチャー政権下の1989年，さらにそれらの公社の民営化が行われた（1989年水道法）。民営化の形態は一律ではなく，証券取引所（LSE）への上場もあれば，海外を含む企業による買収，地元利用者が共同持分で経営を行うもの，ファンドや年金基金が買収したものなどさまざまな形態が存在する。

民営化導入後30年弱が経過し，当初活発であったフランスのスエズやドイツのRWEなどのユーティリティー系事業者が撤退し，現在では**図表8－5**のとおり，域内外のファンド，インフラ事業者，日本の商社などが主な株主となっている。その中でもイギリスの水道事業にオーストラリア，香港，イギリスなどの多国籍のインフラファンドが参画している点は注目に値する。この背景にはイギリスの水道事業にインフラファンドが事業の課題を解決し，価値を実現する機会が存在していることがあるが，水道事業の制度設計がインフラファンドにとっても親和性の高いものとなっていることも背景にある。

イギリスの上下水道事業の民営化では，個々の水道事業の事業会社化が行われると同時に，それらの会社を監視する３つの機関が新設された。すなわち，①OFWAT（The Water Services Regulation Authority：経営監視機関），②DWI（Drinking Water Inspectorate：水質管理機関），③EA（Environment Agency：環境監視機関）であり，民営化された上下水道会社は常にこれらの

[図表 8 − 5]　イギリスの民営化水道会社の概要

事業者名	業務範囲	供給地域	支配会社
Anglian Water	上下水道	東イングランド	CPPIB（カナダ年金基金），Colonial First State Global Asset Management（豪），IFM Investors（豪），3i(英）のコンソーシアム
Dŵr Cymru Welsh Water	上下水道	ウェールズ	Glas Cymru
Northumbrian Water	上下水道	北東イングランド	長江インフラストラクチャーホールディング（香港）
Severn Trent Water	上下水道	西ミッドランド，東ミッドランド	LSE上場企業
Southern Water	上下水道	南東イングランド	Greensands Holdings
South West Water	上下水道	南西イングランド	Pennon Group（LSE上場公益事業会社）
Thames Water	上下水道	グレーターロンドン，テムズバレー	Kemble Water Limited（OMERS, BT Pension Scheme, ADIA（アブダビ投資庁），CIC（中国投資有限責任公司），KIA（クウェート投資庁））
United Utilities	上下水道	北西イングランド	LSE上場企業
Wessex Water	上下水道	南西イングランド	YTL Corporation（マレーシア系コングロマリット）
Yorkshire Water	上下水道	ヨークシャー，ハンバー	Kelda Group（CITIグループ，HSBC系公益会社）
Affinity Water	上水道	イングランド中部（ベッドフォードシャー），東部（エセックス），南部（ケント）	Allianz（独），HICL（英），DIF（蘭）
Albion Water	上水道	ロンドン北辺（ハーペンデン）	Albion Water Group Limited
Bournemouth Water	上水道	イングランド南部（ボーンマス周辺）	Pennon Group（LSE上場公益事業会社）
Bristol Water	上水道	ブリストル周辺地域	iCON Infrastructure Partners III L.P., 伊藤忠商事
Cambridge Water Company	上水道	ケンブリッジ周辺	South Staffordshire Water（米系ファンド子会社）
Cholderton and District Water Company	上水道	イングランド南部（ハンプシャー，ウイルトシャー周辺）	Cholderton Estate
Dee Valley Water	上水道	北東ウェールズおよび北西イングランド（チェスター）	独立系
Essex and Suffolk Water	上水道	東アングリアン地方（エセックスおよびサフォーク地方）	Northumbrian Water Group（香港の投資会社，長江インフラストラクチャーの子会社）
Hartlepool Water	上水道	イングランド北東（ダーラム地方）	Anglian Water
Portsmouth Water	上水道	イングランド南部（ポーツマス周辺）	独立系
South East Water	上水道	イングランド南部	Hastings Diversified Utilities Fund（豪），Utilities Trust of Australia（豪）
South Staffordshire Water	上水道	イングランド中西部	KKR（米），三菱商事
Sutton and East Surrey Water	上水道	イングランド南部	住友商事，大阪ガス
Youlgrave Waterworks	上水道	イングランド中部（ヨールグリーブ）	独立系非営利事業

（出所）OFWAT，各社ホームページなどをもとに筆者作成。

図表 8 − 6 インフラ事業に伴うリスク

項目	種類	内容
政治リスク	政治リスク	政権交代，政策方針転換・議会承認・財政破綻等のリスク
	法令リスク	関連法令の変更等のリスク
	許認可リスク	許認可の取得，遅延等に係るリスク
	税制リスク	新税や税率変更等税制の変更に係るリスク
	公共支援リスク	法律，協定，契約で定められた公的支援が反故にされるリスク
経済リスク	物価リスク	物価の上昇により運営費，更新費用等が増加するリスク
	金利リスク	市場金利の変動によるリスク
	為替リスク	急激に為替レートが変動するリスク
マーケットリスク	需要リスク	需要が予測を下回るリスク
	料金リスク	料金改定があらかじめ合意した約定に従って行えないリスク
	競合リスク	プロジェクトと競合するインフラの設置が許可されることにより需要が落ち込むリスク
運営管理リスク	運営リスク	運営経費の上昇など運営・維持管理に関するリスク
社会リスク	住民問題リスク	事業実施や民営化に関する地域住民反対運動，訴訟に係るリスク
	環境問題リスク	事業実施に対する環境問題，訴訟に係るリスク
不可抗力リスク	自然災害リスク	大地震，津波などの自然災害に係るリスク
	戦争・暴動リスク	戦争・放射能・テロ・暴動などに起因するリスク
	火災等リスク	火災，風災，水害等に起因するリスク

(注) ここに表示しているリスクは必ずしも網羅的ではなく，各項目や内容はこの限りではない。
(出所) 複数のPFI案件のリスク分担表をもとに筆者作成。

機関の監督を受けることとなる。

　公衆衛生の観点からDWIとEAの役割が重要であることはいうまでもないが，OFWATは各事業者から提出される事業計画や市場データなどをもとに，5年ごとの料金設定を行う権限を持ち，また各社のサービスレベルの分析を行う。パフォーマンスの高さに応じて，インセンティブ＆ペナルティを課し，また未然のリスクを防ぐなど，単なるモニタリングにとどまらないアクティブな「経営監視」を行っている。上下水道利用者にとってはOFWATが継続的な事業者モニタリングを行っているので，水道事業者による突然の料金値上げなど不合理な状況が排除されるメリットがあるが，事業者にとっても市場動向を反映し

た適正な事業リターンが確保されるとともに，事業パフォーマンスを反映したインセンティブ設計により事業改善への努力が促進され，利用者・事業者双方にとって望ましい結果を生みだす仕組みとなっている。

一般にインフラ事業では**図表8－6**のようなリスクが想定されるが，BtoC型の事業である水道事業では，特に料金設定において問題が顕在化しやすい（「料金リスク」）。典型的には事業者からの値上げ申入れが，政治問題化するケースである。特に日本のように「水と安全はタダ」という考え方が一般的な社会においては，合理的な理由があったにせよ民営化後の料金値上げに対して利用者から感情的な反発が起こる可能性も高い。したがって，ひとたび顕在化した場合，事業者がコントロール不能となる可能性も高く，政治的に中立な監督機関が情報収集・分析や，利用者への説明などに一定の役割を果たすことは，制度設計上望ましいことである。今後水道民営化が本格的に行われる日本においても参考となる仕組みである。

4 民間企業による水道事業への投資事例：マニラウォーターの躍進

水道事業PPPはフランスやイギリスのような先進国のみならず，アジアやラテンアメリカの新興国においても広く行われている。本節ではインフラファンドの事例ではないが，成功したPPPとして広く知られるマニラの水道事業民営化の事例を取り上げる。

フィリピンは，PPPが積極的に活用されている国である。背景には，1990年にアジア諸国の中で最初にPPP（旧BOT）法を制定し，電力事業をはじめとするインフラ事業をPPPで推進してきたこともあるが，1997年に行われたマニラ首都圏（National Capital Region：NCR）水道事業民営化の成功もPPPの拡大を後押しした一因である。

NCRは，16の市と1つの町から構成され約1,300万人が居住するフィリピンの首都である。1997年以前のNCRの水道は，老朽化した水道管設備からの漏水や盗水などが常態化し，水道を24時間利用できる地域も限定的であった。ラモス政権下の1997年，NCRを東西に分割しそれまで中央政府傘下のマニラ首都圏上下水道サービス（Manila Metropolitan Waterworks and Sewerage Services：MWSS）が直接行ってきた上下水道事業をコンセッション方式で民間事業者に運営させることになった。

　東地域の水道事業は，比財閥のアヤラグループがイギリスの水道事業者ユナイテッド・ユーティリティーズ，三菱商事，米国のベクテルと組んで設立したマニラ・ウォーター（Manila Water：MW）が，西地域は，比財閥のロペスグループとフランス水事業者のスエズ等からなるMaynilad Water Services（MWS）がそれぞれ運営することとなった。

　東地域のMWは，当初から事業が好調に推移し，無収水率は1997年の63％から13.1％（2017年）まで低減し，水道を24時間利用できる割合も1997年の26％から2009年までには99％と大きく上昇した。接続率や給水区域も順調に拡大し2003年には世銀グループの国際金融公社（IFC）の資本参加を受け，翌年の2004年にはマニラ証券取引所にアジア通貨危機以降初めてとなるIPOを果たし，さらには2008年には資本市場でペソ建の債券を発行するなど躍進を続ける。

　一方，西地域のMWSは，民営化時にMWSSから引き受けた巨額の外貨建債務の負担がアジア通貨危機により悪化したことや構成企業間の経営方針の対立から，2003年には一度破綻する。その後2006年に地元建設最大手のDMCIと香港に拠点を置くフィリピン企業ファースト・パシフィック社の子会社でフィリピンのインフラ，病院事業に積極的な投資を行ってきたメトロ・パシフィック・インベストメント・コーポレーションが新たに事業に参画した。新体制の下MWSは積極投資を行い，給水人口は2007年の640万人から780万人（2011年）に増加し，水道を24時間利用できる割合も46％から82％に，無収水率は67％から47％へと改善し，経営は順調に行われることとなった。

　当初のコンセッション期間は2022年までの25年間であったが，その後の事業の改善・拡大を考慮して両社ともに15年延長（2037年まで）された。

　MWはマニラ市東部地域において，前述のとおり地元の有力財閥であるアヤラグループを中心に国際的なプレイヤーと共同で経営・技術面でのさまざまな取り組みを行ってきた。MWSSに代わる新たな水道事業者として浄水場，下水処理場，管路への積極的な設備投資を行ったことはもちろんであるが，単に先進国のモデルをそのままフィリピンに移植（コピー＆ペースト）するのではなく，末端のバランガイ（Barangay：フィリピンの最小行政単位）という地域社会の実情や仕組みを理解して独自の創意工夫（"Tubig Para Sa Barangay"（コミュニティのための水））を行い，貧困地域も含め水道供給の仕組みを作り上げることに成功した。結果として，コンセッション開始から14年間で貧困地域を中心に水道利用者は320万人増加した（マニラウォーター社長兼CEO Ablaza氏）。MWにとっても収入増や利用者ベースの増加を通じた事業効率化・単位当たりコスト削減などのプラスの効果があったが，さらに重要なのは地域社会に対しても大きな改善効果をもたらしたことであろう。それまで，家庭で利用する水を確保するために早朝4時に起床して水小売業者の列に4時間並ぶことを強いられていた住民は，MWとバランガイの協力で出来上がった新しいバランガイ共同水道システムにより，基本的に24時間いつでも水へのアクセスが可能となり，利用者，事業者双方にとってWin-Winの成果が実現した。

　さらには利用料金も大幅に改善した。1997年以前3.6ドル/㎥であった利用料金は，MWの経営の下，10分の1の0.25ドル/㎥（2008年現在）まで下がった（元マニラウォーターCFO Nuesa氏）。JICAなどが2017年に行ったNCRの水道民営化調査は，

　　2015年時点の水道料金はフィリピンのマニラ首都圏における低所得者層にとって支払可能な料金水準に設定されている。2015年の水道料金が低所得者層（年間所得 40,000Php（フィリピンペソ：筆者注）未満）の月額平均所得（3,166Php）に占める割合を算出した。マニラ首都圏（東地区）において，一世帯で20㎥/月の水道を使用したと仮定した場合の水道料金は110.59Phpである。<u>水道料金が低所得者層の平均月収に占める割合は約3.5%で，世界銀行等が支払可能額とする月収の4%を下回り，マニラ首都圏の水道料金は，支払可能な料金水準（Affordability）の範囲内である。</u>
　　　　　　　　　　　　（国際協力機構ほか［2017］から引用，下線は筆者）

と分析を行った。2015年現在の水道料金は，マニラ市の低所得者層にとって十分に支払い可能な料金水準の範囲内で設定されていることがわかる。上記調査の基準とされた低所得者層の年間所得4万ペソ（約8万9,000円）は，フィリピン全体の1人当たりGDP約2,951ドル（約32万5,000円）やNCRの1人当たりGDP約18万4,000ペソ（約40万8,000円）と比較しても十分に低い水準である。東地区の利用者にとって，マニラウォーターの水道料金は「支払可能」と評価

できよう。

　東西の両コンセッションともに，料金改定は監督機関であるMWSSのモニタリングのもと，契約に基づく透明性のある手続きがとられている。料金改定の申請はMWSSに対して行われ，事業者の策定した事業計画や投資積算などをもとに，値上げの妥当性や過去の評価などを踏まえて料金改定が承認される。

　MWでは規模拡大のみならず，品質面での改善にも積極的に取り組んでいる。政府機関による定期チェックに加えて，毎日自主的に浄水場，供給先（学校など）の800カ所で飲料用水サンプル採取を行い，自社の研究所で衛生省の飲料水国家基準やWHO水質ガイドラインの定める厳しい条件を満たすよう，会社独自の水質チェックを続けている。さらには水道啓蒙・教育プログラム（"Lakbayan—water and used water education"）を立ち上げ，利用者や利害関係者と事業改善の成果を共有している。地域に密着した事業展開や積極的なコミュニケーション（情報開示）を重ねることで，MWは地域社会や政府の信頼を勝ち取ることに成功してきた。

　このようなマニラ東地区コンセッションの成功実績をもとに，MWは近年ではフィリピン国内の他地域にも急速に事業拡大を続けている（**図表8－7**）。

　昨今の経済成長と積極的なインフラ整備計画の効果もあり，フィリピンでは近年NCR以外でも都市部を中心にコンセッションや用水供給案件が進んでおり，MWは積極的な横展開を行っている。新規展開にあたっては，原則MWが単独で事業を受けるのではなく，地域の自治体や有力企業との協同事業（JV形式）というスタイルをとっている。MWはマニラ東地域での成功体験から，水道PPPにおいては地域の課題やニーズに対してきめの細かい対応をすることが事業発展への近道であることを理解しているからである。もちろん，地元の自治体もMWの成功体験と知見を自らの地域に生かすことを期待している。ベストプラクティスが移転され地域の生活環境の改善に役に立つことになる。

　MWは地域と密着した展開を図ると同時に，フィリピンを代表する有力財閥のアヤラグループならではの高付加価値事業への展開にも熱心である。アヤラグループの子会社のアヤラランドは，フィリピン全土で不動産開発を展開しているが，MWはアヤラランドと提携し，69カ所の開発地域への上下水道サービスの提供（Estate Water）を始めている。MWにとっては自社のノウハウや経験を活かしてビジネスを広げられるメリットがあり，アヤラランドにとっては，

図表 8 − 7　マニラウォーターの国内事業展開

事業名	Manila Water	Clark Water	Boracay Water	Laguna Water	Cebu Water	Zamboanga Water	Tagum Water	Estate Water
都市	マニラ市東地域およびリサール州	クラーク・フリーポート・ゾーン（中部ルソン地方パンパンガ州）	ボラカイ島（西ビサヤ地方アクラン州）	サンタロサ，ビニャン市，カブヤオ市（カルバルソン地方ラグナ州）	メトロ・セブ（中部ビサヤ地方セブ州）	サンボアンガ市（ミンダナオ島サンボアンガ半島地方）	タグム市（ミンダナオ島ダバオデルノルテ州）	フィリピン全国69カ所
業務内容	上下水道	上下水道	上下水道	上下水道	用水供給	無収水率改善	用水供給	上下水道
有収水規模（MCM）	366.6	10.9	4.1	34.2	9.7	-	-	3.4
供給人口	650万人	1,900事業所（9.6万人）	3.5万人（170万人の観光客）	96.5万人	280万人	86.2万人	26万人	
事業期間	40年（〜2037年）	40年（〜2040年）	25年（〜2034年）	25年（〜2034年）	30年（〜2043年）	10年（〜2025年）	15年（〜2033年）	-
パートナー	アヤラコーポレーション，三菱商事，ファーストステートインベストメンツ，国際金融公社，フィルウォーター	クラーク開発公社	ボラカイ観光インフラ企業ゾーン庁	ラグナ州政府	メトロセブ水道局，Viscal Development Corp（地元企業），メトロパシフィック	サンボアンガ水道局	タグム水道局	アヤラランド（アヤラグループ不動産開発会社）

(注) 上記のほか近日中にカラシアオ市（パンガシナン州）での25年間の上水事業，オバンド市（ブラカン州）での25年間の上下水道事業がスタートする予定。
(出所) マニラウォーター社IR資料などをもとに筆者作成。

　自らの開発案件に最高レベルの上下水道サービスを提供することで，高付加価値化，ブランド化が可能となる。

　そしてこれらの国内での実績を背景に，アジア地域においても，ベトナムのホーチミン市の用水供給事業（Thu Duc WaterとKenh Dong Water）とコンセッション（Cu chi water）事業，ヤンゴン市（ミャンマー）とバンドン市（インドネシア）の無収水率削減デモンストレーションプロジェクトへの事業展開を行っている。

　フィリピンを含むアジアにはかつて，欧州系の水道事業者が数多く参画してきたが，2000年代以降その多くは撤退した。マニラ西地域に進出した仏スエズに代表される欧州系事業者は自国の事業モデルを，事情の異なるアジアにそのまま導入しようとして失敗した。一方で，MWは多くの課題を抱えたマニラ東

地域で，20年間にわたり地域に密着して水供給の課題をひとつひとつ解決してきたことで，同じような課題を抱えるアジア各国への展開も容易となった。インフラ事業では，課題発見は最も重要な仕事の1つである。MWは経験を通じて得たノウハウを他地域にも展開している。

> [!注]

1) 機構の貸付時には「地方公共団体の財政の健全化に関する法律に定める健全化判断比率等」を用いた決算数値および個別の財政状況等の確認，「地方債の同意または許可の有無」，「借入に必要な議会の議決や予算措置等の事項」などの形式的な審査が行われる。

> [!参考文献]

石田哲也・野村宗訓［2014］『官民連携による交通インフラ改革―PFI・PPPが拡がる新たなビジネス領域』同文舘出版。
金子光美［2006］「水の安全性と病原微生物―その歴史と現状，そして未来」『モダンメディア』52巻3号，栄研化学。
国際協力機構ほか［2017］「水道事業の民間活用に関するプロジェクト研究最終報告書」。
地方公共団体金融機構［2017］「ディスクロージャー誌 2017年度版」。
Manila Water［2017］"Investor Presentation"（マニラウォーター社2017年投資家向け説明資料）。

第9章
選定事業者の経営戦略

1　はじめに：ニッポン流水道事業の再構築に向けて

　水道事業は，従来地方公共団体により独占的に行われてきたビジネスであるが，昨今徐々に民間委託が進んできている。近年，さらなる民間活力活用の観点からコンセッション方式等民間委託をより幅広い業務範囲で包括的に進めることを可能とする法制度が整備され，民間事業者としては業務範囲を拡大できる絶好の機会と捉えている。

　本章では，地元に根付いた水道事業を，いわばニッポン流の水道事業として再構築するための論点を，民間事業者サイドから考えてみたい。

2　PFIとしての水道事業

　PFI（Private Finance Initiative：民間資金を活用した社会資本整備）事業は，厳しい財政状況下更新時期を迎えなければならない公的ストックの改修対応として注目されており，水道事業も例外ではない。

　そこでまずPFI事業として市場に出てくる案件について，発注者である地方公共団体を中心とする水道事業体側の事情を簡単に整理する。

　わが国の水道事業は，給水人口の減少，設備・管路老朽化，地方公共団体の職員高齢化，地域ごとの料金格差など複合的な課題を抱えることから，その対応策の1つとして民間事業者への業務委託が進んでいる。

　これまで水道事業における民間事業者への委託は，予算制度の限界もありその大半が定型的な業務の単年度発注という形で実施されてきた。ただそれでは

効率性の観点等から課題がよりクローズアップされ，近年政府として民間資金等の活用による公共施設等の整備の促進に関する法律（PFI法）の制定（1999年），水道法改正による第三者委託制度の導入（2001年），地方自治法改正による官の施設に係る指定管理者制度の導入（2003年），PFI法改正によるコンセッション方式の導入（2011年）などの制度整備により，民間事業者の自由度を高めた委託が可能なようにバックアップがなされている。

では，実際のところどの程度民間事業者への委託が増加しているのか，その効果を検証するには時期尚早であるが，まずは地方自治体としてどの程度民間事業者への委託を進める意向があるのか，もしないのならそれはなぜか，について検討することから地方自治体の意識を探ってみたい。

日本政策投資銀行により1,024の水道事業体を対象にアンケートが行われており，それによると第三者委託を現在実施中の事業者は14.0％，今後実施予定の事業者は7.1％にとどまっている（2014年12月24日〜2015年2月6日実施アンケート調査：株式会社日本政策投資銀行地域企画部［2015］「わが国水道事業者の現状と課題〜事業者アンケート〜［中間報告2］」）。なお，第三者委託とは水道法第24条の3により2001年に導入されたもので，水道事業における技術的業務（浄水場の運転管理業務等）を民間事業者や他の水道事業者等第三者に委託することである。

また同アンケートで併せて，第三者委託を実施しないまたはやめた理由についても質問している（**図表9－1**）。まず「事故・災害時の対応に不安」（31.9％）という回答が業務委託の進まない理由のトップとなっている。続いて，「職員の技術力低下への懸念」（29.0％），「コスト削減効果への疑問」（28.9％）が挙げられている。つまり地方公共団体は業務を一方的に民間事業者等に委託することについて不安を感じているのであり，PFIもしくはコンセッションという言葉から受けるイメージとしての所謂丸投げになることを危惧しているのである。

またその逆のイメージとして，官民連携をすれば必ずコストが下がるという幻想がある。地方公共団体の財政的負担は限界に近づいてきており，コスト削減が喫緊の目的となっていることからその期待は大きいが，必ずできるというものではないだろう。ただ民間事業者としてはその意図を十分に理解し，地方公共団体が抱える多くの課題解決に貢献していきたい。

図表9－1　業務委託をしない理由

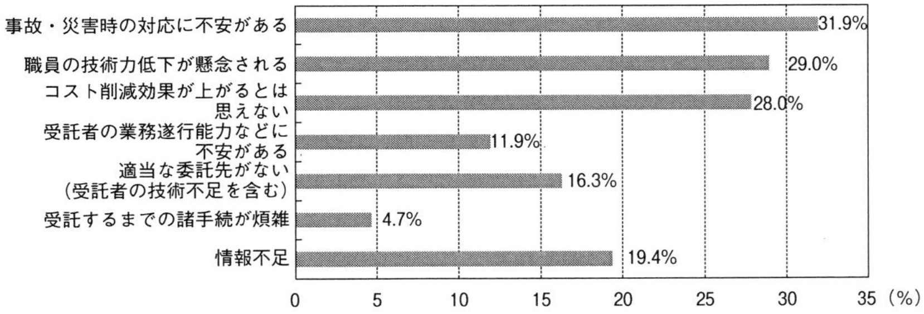

- 事故・災害時の対応に不安がある　31.9%
- 職員の技術力低下が懸念される　29.0%
- コスト削減効果が上がるとは思えない　28.0%
- 受託者の業務遂行能力などに不安がある　11.9%
- 適当な委託先がない（受託者の技術不足を含む）　16.3%
- 受託するまでの諸手続が煩雑　4.7%
- 情報不足　19.4%

(出所）株式会社日本政策投資銀行地域企画部［2015］「わが国水道事業者の現状と課題～事業者アンケート～［中間報告2］」をもとに筆者作成。

これらのことから今求められているのは，官と民との間に壁を立てるのではなく，両者が課題を解決するためにコミュニケーションを密にすることによりお互いの悩みや意欲などを理解し，まさにパートナーとして協働する連携力といえる。

3　水道事業の特徴

次に，民間事業者からみた水道事業の事業性について概観しておく。ここではPEST分析と5フォース分析を用いて，わが国水道事業の業界と企業が置かれている状況を分析する。

PEST分析は，現代マーケティングの祖とされるフィリップ・コトラー（Philip Kotler）が提唱したものである。企業活動においてマーケティング活動に着目した意味は大きく，経営者の目を「価格」から「顧客の満足」に向けさせた彼の功績も評価されている。顧客をビジネスの中心に置き，利益とは単に販売から生まれるのではなく顧客に満足を提供することで生み出される，という考え方を広めたのである。

PEST分析では，自社でコントロールできない環境変化や事業環境に影響を与える要因を，P（Politics）：政治，E（Economy）：経済，S（Society）：社会，T（Technology）：技術，の4つに分類する（**図表9－2**）。

特に水道事業は，一般世帯や企業等の需要に応じて水道水を提供するという事業の性格上，経済社会の動きを反映した水需要の変化と密接な関係を有して

図表9－2 水道事業のPEST分析

政治（Politics）	経済（Economy）
●厚生労働省「新水道ビジョン」等，民営化について積極的な方向性 ●国会提出予定の水道法改正（案）でも，民間委託の容易化へ ●より厳しい水質保全（省令改正） ●適切な水道料金設定の困難さ ●受益者負担原則の徹底（下水道補助率の削減検討） ●改正電気事業法や改正ガス事業法等規制緩和	●低インフレ経済成長 ●2020年問題（オリンピック景気，復興需要の落ち込み） ●小規模水道事業者における財源不足 ●水道施設老朽化，および多額な更新費用 ●世界の水不足懸念
社会（Society）	技術（Tecnology）
●人口減少による水需要減 ●少子化，高齢化，1人暮らしの増加 ●夜型生活者／24時間営業店等の増加 ●ウォーターサーバーの普及 ●省エネルギー意識の高まり ●ベテラン職員の定年退職や職員の減少 ●予知できない異常気象（豪雨による洪水・浸水被害が頻発）	●クラウド・モバイル等ICT技術の普及 ●水質や状態監視等のセンサー技術の進展 ●節水型・省コスト機器の開発・普及 ●水道におけるアセットマネジメント（資産管理）手法の導入 ●電力事業・ガス事業におけるスマートメーター設置の動き

（出所）筆者作成。

おり，この分析の意味は大きい。

　まず政治的な動きであるが，厳しい自治体の財政状況を背景にした民営化の動きが水道事業に対しても及んでおり，PFI方式を含めた民間委託を進めるという方向性が示されている。規制緩和の流れのなかで電気事業者やガス事業者の小売りの全面自由化もなされる方向にあり，今後の動きが注目される。

　経済的には，低インフレ経済状況で売り上げが伸ばしにくい環境下，2020年問題など不透明要因もあり，将来見通しを立てにくい状況が続いている。しかしながら一方で老朽化した施設の更新等に対する投資負担が確実に迫ってきており，コスト負担の少ない手法の開発が求められる。

　社会的には人口減の影響を直接受けるかたちで，水需要量は今後大きく減少することが見込まれる。さらに夜型生活者や独居高齢者の増加など生活パターンの多様化により，水需要が時間的にも地域的にも分散する傾向にある。加えて豪雨による洪水や浸水被害も頻発しており，水循環の効率的管理が難しくなっている。

技術的には，IoTやAI等先端技術の活用により浄水場等における維持管理業務の高度化・効率化が進んでいる。省エネ，省コストに資する機器の技術開発は活発に行われているものの，水道関係資産をトータルに管理するアセットマネジメント手法についてその導入は緒に就いた段階である。

　このように水道事業業界の外部環境は，経済・社会的に今後大きな需要拡大に結びつく変化が見込めないなか，政治的には自治体の財政負担軽減などを主な目的として民間活力活用を推進しており，コスト削減を目的とした機器の技術高度化などの対応が求められていることがうかがえる。

　次に，個別企業の置かれた状況分析には5フォースを用いる。これは経営学者のマイケル・ポーター（Michael E. Porter）が発表した考え方であるが，企業が競争上の優位に立つためには自身の立ち位置を静的に把握する必要がある，というものである。彼は企業が戦略を考える際，ライバル会社だけでなく，市場に存在する複数の競争要因（フォース）を正しく理解することが大切で，そのように全体を検討すれば市場の関係者のそれぞれの関係構造を把握でき，望ましい立ち位置が見つけられるという。市場の構造を決め，競争のあり方を左右し，結果的に収益性を決定づける競争要因は5つあり，それはライバル会社，代替製品，新規参入者，納入業者，そして購買者（顧客）である。以下，水道事業において地方公共団体からの公募に応札する民間事業者群を前提として検討する。

　水道事業における5フォースは，**図表9－3**のように整理できる。

　まず図表右側にある購買者（顧客）である買い手は，民間事業者による水道事業が地方公共団体を中心とする水道事業体からの入札案件に応札しなければ始まらないことからその力は強く，民間事業者はその影響を最も強く受ける。人口20万人以上の地方公共団体等においては多様なPPP/PFIの検討が義務化されるとともに，地方公共団体の広域化への取り組み意欲は高いことから，買い手からの要求水準はシビアになる。

　一方で売り手であるサプライヤーは，プラント系，配管材料系，料金徴収を含めた営業系等多業種で多数のメーカーが存在していることに加え，生産人口減少と労働需給が逼迫していることを背景に人材確保が困難になりつつある。この点から，売り手の力も強い売り手市場といえる。

　さらに新規参入者として，外資系水メジャーの存在感が高まっている。加え

図表9－3　水道事業の5フォース

	新規参入者の脅威	
売り手の交渉力	業界内の競争	買い手の競争力
	代替品の脅威	

新規参入者の脅威
- 外資水メジャーの日本進出による存在感
- 電力・ガス事業者等インフラ企業からの関心
- 下水道への重厚長大産業からの参入
- 金融投資家

売り手の交渉力
- 機器メーカーは多数存在
- 生産人口減少および労働需要増加により売り手市場
- 工事事業者の人件費高騰
- オペレーション人材は地域独占的

業界内の競争
- コンソーシアムの組み合わせは多数（各種提携グループの増加）
- 受託エリアでは独占的
- 官民連携強化に向けた動き活発化
- IoT活用法の模索

買い手の競争力
- 水道事業体による入札（義務化されたPPP/PFIの検討）
- 数十年に一度の発注
- 公共事業の財政難
- 広域化への取り組み
- 地方自治体による海外進出への意欲
- 低いスイッチングコスト

代替品の脅威
- ボトルウォーターの普及
- 低コスト水処理製品の台頭
- 簡易な水運搬装置
- 高度なマネジメントシステム

（出所）筆者作成。

て，巨大な工場を有する企業による廃水施設の有効活用への関心や，規制緩和を背景に事業間の垣根が低くなっているエネルギー産業からの参入の兆候がみられる。

また代替品として，ボトルウォーターの普及のみならず海外からの低コスト製品の流入や，効率的な監視業務システムなどが導入される可能性がある。

選定事業者である民間事業者群の属する市場は，官民連携に向けた動きが活発化しており，それぞれの専門技術等を背景に各種提携グループが組成されるなど，積極的な動きがみられる。

水道事業は，水という単一商品を管路を通じて個別に安定的に販売する，という極めてシンプルな構造であり，安定的にキャッシュフローが見込まれるという意味で金融的にはボラティリティの少ない事業といえる。一方で，施設運

営の中心が，従来の規模増強を目的とした設備投資による拡大路線から，人口減少等を背景に，施設維持を目的としたオペレーションに移ってきているという環境変化も起きている。このように水道事業には，これまでの業務のやり方に大きな変更が余儀なくされる施設のダウンサウジングと運転維持管理における経営効率化という新たな課題が立ちはだかっているのである。

4 選定事業者としての経営戦略

4.1 経営効率化

　民間企業は，利潤追求を目的としている以上，経営効率化は永遠の課題である。

　水道事業のコンセッションでは，地方公共団体が実施していた業務に民間事業者が取り組むことになるため，従来とは異なるアプローチによって価値を創出することが求められる。地方公共団体では取り組むことの難しかった点について新たな着眼点で対応することが，ビジネス機会となるのである。具体的には，業務地域，業務内容，業務期間のそれぞれを民間事業として集約化していくことで収益化を目指す（図表9－4）。

　業務地域の集約化とは，広域化を意味する。地方公共団体による広域化は協議会や一部事務組合（企業団），広域連合等のスキームで事例が出始めているが，民間事業者が能動的に取り組める新たな手法として日本政策投資銀行地域企画部が提唱している「実質的広域化」が有力な手法である。これは，1つの地方公共団体がまず民間企業の参画する「広域的官民水道事業体」を組成し，ここに対して運営委託等を行うとともに，この事業体を受け皿として他の複数地方公共団体からも順次受託を進めることで規模の経済を働かせ，実質的に広域化を実現するというものである。地方公共団体自身による広域化の促進というメインの議論に対し，その補完としての民主体による広域化といえる。民間事業者が複数の地方公共団体に主体的に働きかけることにより，結果的にスケールメリットを働かせることが可能となる手法である。

　次に業務内容に関する集約化である。個別の業務をまとめて取り組むことで，従来のサービスを変えることなくボリュームディスカウントによるコスト縮減

図表9－4　3つの集約化

	官の特徴	民の可能性
業務地域	地方公共団体単位	民主導の広域化
業務内容	事業単位の分割発注 （仕様発注）	事業の統合化 （性能発注）
業務期間	原則1年単位	実質的長期化

（出所）筆者作成。

や対応要員の融通を効かせることによる効率化等を狙う。地方公共団体からの業務委託は業務単位に分割された仕様発注が中心であるため実施方法も含め詳細に仕様が定められ，受注者である民間事業者は定められた仕様のとおりに委託業務を遂行することが求められる。一方，満たすべき要件やサービス水準が定められる性能発注がなされた場合は，民間事業者としてはサービスの水準を維持するための具体的手法やプロセス等に自由裁量を働かせノウハウを活かした創意工夫を発揮する。

3つ目の業務期間については，事業期間を長期化することで，たとえば施設の延命化対策等効果的な対応を通じたコスト削減などが可能となる。もしくは施設を最新式に置き換えることで，更新時期の不確実性を排除するとともにオペレーション費用の削減を長期にわたって実現する，という手法もある。地方自治体は年度ごとの予算主義で運営されていることから単年度の業務委託が主流である一方，最近ではPFI事業をはじめ長期の業務委託がなされる例も出てきており，民間事業者による業務活動の自由度が高まってきている。

さらにこれら3つの集約化という受注に際しての工夫に加え，民間事業者ならではの特徴であるチャレンジ精神を発揮することも経営効率化に大きく貢献できる。水道施設内における現場の取り組みとして，以下の2つの方法が考えられる。

まずは現場によるカイゼン活動である。定められたプロセスに基づき順を追ってこなしていくだけでなく，各種監視ツールを導入することなどにより，日々の水質管理業務等を効率的に実施することを可能とする。このことは，現場において問題点への気付きが得やすくなることに加えて，現場で工夫する余地が与えられるため，現場オペレーターの働き方改善にも寄与することができる。自主的な改善提案を通じて，働きがいのある職場をつくり上げ，ミス防止

のみならず人材育成を含めた計画的な組織運営が可能となる。現場のオペレーター1人1人が，主体的に，自信を持って，広い視野から日々の業務に取り組むことができるのである。こうした小さな工夫が，業務全体の効率性を高め，良いサイクルの経営につながる。

　また，IoT化による更新投資時期の最適化も民間ならではの特徴といえる。設備の状態をデジタルデータとして収集することで，設備の劣化状態をリアルタイムで把握することが可能となり，前述の性能発注の要求水準を満たすような更新時期の長期化を実現する。こうして不必要な更新を回避することにより，投資費用の抑制につなげる。さらに，設備性能についても不要な高スペック製品の導入を回避することができる。日々の現場活動による情報収集こそが，競争力の源泉となる。

4.2　地元の水道を守る人材

　水道事業は，人で支えられている。

　水道の役割は，生活用水や都市用水を供給して都市活動を支えることであり，さらに防火用水や疫病の防止・生活環境の改善といった公衆衛生の向上にも資する重要なものである。そのため水道水が常時安定的に供給されることが水道の信頼性の根幹となっており，この点は水道事業者が誰であっても変わるものではない。事故時，災害時，渇水時にも可能な限り給水が確保されるよう，万全を尽くさなければならない。このような事態に至った場合，機械やシステムが自動的に対応を行えるものではなく，最後は人の手で対応するしかない。現場に駆けつけ，状況を判断し，的確に関係者に指示を出して速やかに復旧を図る。これらが実行できる人を育てることがどの地域においても大切であり，そのためにもさまざまな経験を積み，ITを活用しながら効率性を追求し，いざ事ある場合には危機対応に馳せ参じることができる人材を養成する教育システムを構築する。時間を要する取り組みであるが，民間事業者であればこそ，地元の水道事業への強い責任感と技術力を有したうえで，多様な対応を行える，サッカーでいうポリバレント（多能）な人材育成を推進する。

　地元の水道を守る，という志を共有する人材を育成することは，成長する場を提供できる企業でなければならない。それがたとえ外国人であっても，将来的に母国の水道事業を担う中心人物に育て上げる。地元の水道を守る，という

ミッションは，世界共通であるはずである。

このようにわが国の水道オペレーターは，オペレーション会社の社員として教育・育成され，各企業文化の中で現場力を養ってきている。これらの人材は，企業への忠誠心も含めチームとして効率性・成長性を追求する。そのため，コンセッションなどで選定事業者が交代する場合には，これらの人材は現場を離れざるを得ず，技術伝承の意味から業務に断絶が生じるのみならず，オペレーター個々人の生活にも大きな影響を及ぼすことになりかねない。規模が大きな現場ほどその影響は大きく，雇用形態のあり方も含め今後検討が求められよう。

4.3　ニッポン流ファイナンス・ストラクチャー

コンセッションをはじめとするPFI事業では，事業に必要な資金を民間事業者が調達する。つまり，資金が調達できるような，プロジェクト構築が求められる。その際，特に水道事業においてはニッポン流とでも名付けるべきファイナンス・ストラクチャーを検討すべきである。

SPCを設立して事業運営に必要な修繕および設備投資に対する資金調達は，一般的に必要資金の1～2割を資本金もしくは株主からの借入金（劣後ローン）等自己資金で手当てし，残りを金融機関などからプロジェクトファイナンスとしての借入金（優先ローン）で調達する。

金融機関のプロジェクトファイナンスに対する主な関心は，事業が滞りなく遂行できてかつ借入金が問題なく返済できるか，つまり返済原資たるキャッシュフローが安定しているか，ということにある。特に水道事業は，コンセッションの開始時のみならずその後も更新投資に対する資金需要が発生し続けるため，キャッシュフローの安定性に関わる数値指標のひとつであるDSCR（Debt Service Coverage Ratio）や返済のための積立金（リザーブ口座）をどの程度準備しておくか，という点などがポイントとなる。

プロジェクトファイナンスは，企業の信用力などではなく，そのプロジェクト自体から生じるキャッシュフローをもとに資金を調達する方法である。SPCへの出資者等の信用度に依らない（親会社保証を求めない），ノンリコースローンである。一方で金融機関は，不都合な事態が発生した場合にステップインライト（介入権）を行使できるように，SPCが有する債権，契約上の地位，株式等はすべて金融機関が担保として徴求する。そのため金融機関はSPCを，

自身がコントロールしやすくするために，ヴィークル（導管体）として位置付けて資金調達のための器とし，その他の機能を持たせないことが一般的である。しかしながらわが国の水道事業においては，SPCと水道現場のオペレーターとを切り離すことは難しく，SPCでオペレーターを雇用せざるを得ないケースも出てくるものと思われる。地方公共団体も，地域の雇用が確保されることを望み，オペレーション業務をSPCからの外部委託ではなくSPC自身の雇用であることを希望することが多いと思われる。この場合のSPCは単なるヴィークルではない，実態のある会社となってしまう。そのためこの会社の資金調達は厳密な意味でのプロジェクトファイナンスではなくなるのであるが，疑似プロファイ（プロジェクトファイナンス）として成立可能となるように金融機関と十分な交渉が必要であろう。わが国の水道事業の事情を踏まえた，柔軟な資金調達方法の導入が求められ，金融機関や金融投資家の理解も必要となる。

4.4 地域に根差した水道

　水道事業は，地域とともにある。

　世界中どこの水道事業も，その土地々々に根差した，個々の住人の居宅に管路を結んでいる。そのため，地下水利用の場合も含め，最終消費者の元に届けられる水質や金額はその土地の立地場所（大都市からの距離，離島か本土か，等），地形，気候，人口集積，施設整備状況等により影響を受けるため，個別性が非常に高い。そのため水道事業をより活性化するためには，その地域を活性化することと表裏一体となる。

　現在，国による地方創生の取り組みは，まず「ひと」が中心であり，長期的には，地方で「ひと」をつくり，その「ひと」が「しごと」をつくり，「まち」をつくるという流れを確かなものにしようとしている。この地方創生実現のためには，地方自治体・住民双方が自らの地域の現状に正面から向き合うことが重要である。

　水道事業は，まさに地域に根差した地域密着の産業であり，民間事業者は経営の自由度の範囲内で，地域特性を踏まえた地方創生に取り組むことにも知恵を働かせるべきであろう。水道事業の付帯事業として，収益化することも民間事業者の戦略として大いにあり得る。

　域外から資金の流入を促す高付加価値商品の発掘や，新たな付加価値を生み

出す核となる事業の育成，農業・観光等地域産業の活性化・地域経済の振興等のアイデアを検討し，それらを試行錯誤する場として付帯事業を活用することも検討し得るだろう。地域活性化というと，工場の誘致という生産現場の獲得というだけでなく，たとえば高齢者向けサービスや消費を受け入れる場の獲得というような施策も考えられてしかるべきであろう。

地域への新たな「ひと」の流れの創出に結びつくような場所として水道施設が活用できれば，地元の方が地元で安心して働く場所を提供することができるようになる可能性がある。

地域に根差した水道であり続けるためには，地域に愛され，理解される水道である必要がある。そのためには，給配水というコア業務のみならず，地域の活性化に資するような関連業務に積極的に取り組んでいくことにも，地域の方々とともに汗をかいていく。

5　おわりに：地元企業としての水道事業を目指して

コンセッションにおいて設立されるSPCは，各地域で本当の意味での地元企業になることを目指す。

水道事業は長きにわたり原則として地方公共団体が実施してきていることから，その変革の動きは民間事業者への委託・活用という方向性で議論がなされ，民間事業者は基本的に受け身で対応せざるを得ないケースが多い。しかしながらそうしたなかでも民間事業者自身のメリットも大きい。知識化，効率化および総合化という3つの機能を獲得することができる。

地方公共団体による水道事業に関するコンセッションに携わることは，それまで民間事業者としては知り得なかった知識を実地で習得できる最高の機会である。水道事業は地域性の強い事業であり，どのような業務も「現地現物」の感覚を忘れてはならない。ノウハウを習得し経験を積むことができるという知識化が第1のメリットである。

2つ目の効率化とは，LCC（Life Cycle Cost）縮減へ向けての取り組みである。コスト削減だけが官民連携の目的ではないが，それを目指す取り組みは財政状況の厳しい地方公共団体にとってのみならず民間事業者にとっても生産性向上・競争力強化のツールとして重要である。サービスレベルを落とさずコス

トを減らすということは簡単ではないが，先述した3つの集約化を進めることが1つの解決策となる。

　最後は総合化である。まとめる，ということに価値があるのである。一般にインフラ関係産業では各職員の業務が細かく区分され，各種技術者それぞれ自らの専門である土木，建築，電気，機械，計画など各分野を担当する一方，他分野についての知識が不足しがちであるのみならず，今後企業経営に必要となってくる財務，法務，経済などについて関心が弱い傾向がある。コンセッション事業では，設計，施工，運営，維持管理に加え資金調達までもが業務範囲に含まれ，SPC経営も含め幅広い知識・知恵の総合化が求められる。現場のオペレーターのみならず，本社機能を担う執務系のメンバーにも多機能化（ポリバレント）が必要である。1人がすべてに通じている必要はないが，コンセッションは総合水コーディネーターとして業務をまとめて総合力を発揮できる体制・能力を身につけるよい機会である。現代の水道経営には効率性追求の観点に加え，技術，人材，資金，ノウハウをいかに融合させていくかが求められている。

　さらに民間事業者が，受け身ではなく積極的に地方公共団体に提案していく仕組みも整備されている。

　民間事業者は，個々の課題に対して付加価値のあるソリューションを提供することが本来の役割である。公の課題に対しても，適切な課題解決を図る。特にPFI法第6条に基づき，いわゆる「6条提案」といわれる民間事業者から地方自治体に対して提案することも可能となっている。地方自治体が事前に知り得ない民間事業者の経営ノウハウを，効率的に施設等の経営に導入できるのである。これにより，民間事業者が自らの経営ノウハウに適合した形での事業実施を積極的に提案することが可能となり，民間事業者のイニシアティブによる案件化という仕組みが導入されているといえる。

　このようにコンセッション事業に民間事業者として積極的に取り組むことは，官と民の両者がお互いWin-Winの関係を保ちつつ地域の課題や将来を考える絶好のチャンスといえる。そのためどの案件についてもその事業発案・形成段階から，「官（行政機関）」のみならず「産（産業界）」「金（金融機関）」「学（教育機関）」など地域の多様な知恵・活力を結集することが重要であり，そのことこそが本当にその地域の課題解決に有効だと思われる。この取り組みは，

ニッポンの水道事業の将来に向けて大きな礎(いしずえ)となる可能性がある。

参考文献

石井晴夫・宮崎正信・一柳善郎・山村尊房［2015］『水道事業経営の基本』白桃書房。
日本政策投資銀行地域企画部編著，地下誠二監修［2017］『水道事業の経営改革―広域化と官民連携（PPP/PFI）の進化形』ダイヤモンド社。
フィリップ・コトラー著，恩藏直人監修，月谷真紀子訳［2001］『コトラーのマーケティング・マネジメント―ミレニアム版』ピアソン・エデュケーション。
マイケル・ポーター著，土岐坤・中辻萬治・服部照夫訳［1995］『競争の戦略（新訂）』ダイヤモンド社。

第10章
上下水道事業の国際展開

1　上下水道事業の国際展開

　本章では，近年進展している水道および下水道事業の国際展開について論じる。特に日本の場合には第2章の上下水道の歴史で説明したとおり，上下水道は市町村などの地方公営企業が営んでいることもあり，日本の上下水道事業の国際展開を考えるうえでは，地方公営企業制度との関係に注意する必要がある。

　現実的には水道事業者のほか，いわゆる水ビジネス分野とされる素材・部材供給・コンサルティング・建設設計の各事業分野のほか，管理・運営サービスを担う企業等の多くが関係することから，海外水ビジネス市場への参入にあたっては，官民連携による日本勢としての取り組みが重要となる。

　このような特色を有する国際展開に関して，本章前半では水道事業を，後半では下水道事業を取り上げる。なお，国際展開に関する国際的な位置付け（SDGs）や日本におけるインフラシステムの輸出戦略などは上下水道に共通するものであるが，この点については本章後半で説明することとする。

1.1　上下水道事業の国際展開と地方公営企業制度の関係

　公営の水道事業は地方公営企業法が当然に適用される事業である。また，下水道事業は地方公営企業法の任意適用事業ではあるが，国際展開を担い得るだけの技術，経験やノウハウを有する下水道事業は同法を適用している状況にある。そこで上下水道事業が国際展開を行う場合には，地方自治の制度枠組みにおける地方公営企業との関係が問題となる。

　なお，上下水道の国際化に関する明確な定義はないが，一般的には収益の追

求を目的としてビジネスとして実施するものを国際展開といい，それ以外の従来から行っている事業を国際協力あるいは国際貢献と区別することがあるが，本章では上下水道の国際化の動き全体を国際展開として取り上げる。

1.1.1　地方公営企業の附帯事業

　地方公営企業法では，「この法律は，地方公共団体の経営する企業のうち次に掲げる事業（これらに附帯する事業を含む。）に適用する」と規定されている（第2条1項）。ここでいう「附帯する事業」とは，地方公営企業の経営に相当因果関係を持ちつつ地方公営企業に附帯して経営される事業を指す。

　相当因果関係とは，①本来事業と事業の性格上密接な関係にある場合，②本来の事業に係る土地，施設等の資産，知識および技能を有効活用する関係にある場合，③本来の事業の実施により生じる開発利益に着目し，これを本来の事業の健全な経営に資するため吸収する関係にある場合，のいずれかに該当する場合と考えられる。

　附帯事業は，本来の事業の健全な運営に資するために行われるものであるから，本来の事業に支障を生ずるものであってはならない。少なくとも十分な採算性を有することが必要となる（地方自治体水道事業の海外展開検討チーム［2010］9頁）。

1.1.2　上下水道事業と附帯事業としての国際展開

　上下水道事業が国際展開する場合において地方公共団体が民間と連携する場合には，本来の事業に支障を生ずるものでないことおよび十分な採算性を有することを前提として，「本来事業と事業の性格上密接な関係にある場合」または「本来の事業に係る土地，施設等の資産，知識および技能を有効活用する関係にある場合」のいずれかに該当する場合は，附帯事業と整理することが可能である。

　要するに，上下水道事業の国際展開は，地方公営企業の附帯事業として位置付けて実施することができると解される。もっとも，附帯事業として国際展開を実施する場合においては，議会や住民の理解を得ることが不可欠であると考えられる。

1.2　水道と安全な飲料水の確保

　水道は，国や地域を問わず，公衆衛生の向上や生活環境の改善に欠くことができない社会基盤であり，人類の生存と発展に重要な役割を果たすものである。安全な飲料水を利用できない人口の割合を半減することを目標の１つとした国連ミレニアム開発目標（MDGs）は，2015年に最終年を迎え，世界全体では2010年に同目標を達成した。しかし，世界全体では未だ約６億5,700万人が安全な飲料水の供給を受けられない状況にある（2015年。図表10－１，図表10－２）。

図表10－１　安全な飲料水を利用できない人口の割合

	1990年	2015年	飲料水MDGs
サブサハラアフリカ	52%	32%	未達成
オセアニア	50%	44%	未達成
南アジア	28%	7%	達成
東南アジア	28%	10%	達成
コーカサス・中央アジア	13%	11%	未達成
東アジア	32%	4%	達成
北アフリカ	13%	7%	未達成
西アジア	15%	5%	達成
ラテンアメリカ・カリブ海	15%	5%	達成
開発途上国全体	30%	11%	達成
世界全体	24%	9%	達成

図表10－２　安全な飲料水を利用できない人口順位

		2015年
1	インド	7,700万人
2	中国	7,000万人
3	ナイジェリア	5,700万人
4	エチオピア	4,300万人
5	コンゴ	3,400万人
6	インドネシア	3,300万人
7	タンザニア	2,300万人
8	バングラデシュ	2,100万人
9	ケニア	1,700万人
9	パキスタン	1,700万人
－	その他	2億6,500万人
	世界全体	6億5,700万人

（出所）いずれも厚生労働省。
　　　http://www.mhlw.go.jp/stf/seisakunitsuite/bunya/topics/bukyoku/kenkou/suido/jouhou/other/o4.html

MDGsは後出2.1項のSDGsに引き継がれ，引き続き世界的に重要な取り組み課題となっている。日本の水道分野の国際展開は，主として独立行政法人国際協力機構（JICA）が実施する国際協力事業をはじめとした国際貢献と水ビジネスの連動，連結を目指している。

1.3　水道分野の国際協力

　日本の水と衛生分野の援助政策である水と衛生に関する拡大パートナーシップ・イニシアティブ［2006］では，開発途上国における政府の組織，政策，制度および情報データの整備や人材育成，整備されたインフラの適切な維持管理・運営のための水道事業者の能力の向上を重視することとされている。

　具体的な水道分野における政府開発援助（ODA）は，2国間援助や国際機関への活動資金や人材の拠出などさまざまなかたちで進められている（**図表10－3**）。なお，水道分野の国際協力のうち「贈与」に係る事業の大部分は独立行政法人国際協力機構（JICA）によって実施されている。

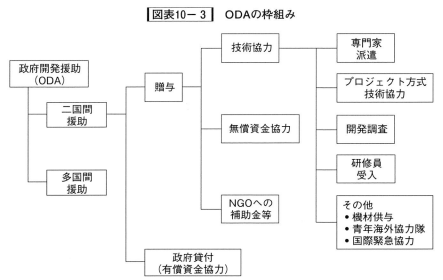

図表10－3　ODAの枠組み

（出所）厚生労働省ホームページ。
　　　http://www.mhlw.go.jp/stf/seisakunitsuite/bunya/0000112577.html

1.4　JICA専門家による技術協力

　「プノンペンの奇跡」と伝えられるカンボジア王国プノンペン水道公社（PPWSA）による水道分野の成功事例がある。プノンペンの上水道施設は，1990年代初頭まで続いた内戦の混乱のなかで破壊され，長らく放置されていたために老朽化し，浄水能力が悪化していた。1993年の水道普及率が25％であったプノンペンの水道が，1990年代半ばからの日本の無償資金協力による浄水場の改修などにより，2009年には水道普及率が90％まで整備された。さらに，WHO水質ガイドラインにおける水質基準を達成するまでに飛躍した世界でも類のない水道のパフォーマンスの改善をいう。

　このプノンペンの奇跡の背後には，日本の国際協力，とりわけJICAを通じて派遣された地方公共団体などの技術者や専門家の貢献が隠されている。1999年にJICAの技術協力専門家として，北九州市水道局（現上下水道局）の職員が派遣された。水道管の布設工事は当時すでに開始されていたが，同局では漏水を遠隔管理できる機器の導入をあらたに提案するなど，水道の管理方法についてPPWSAの職員の教育・育成を担当した。

　その後も，北九州市による支援は続き，2003年から始まったJICAによる「水道事業人材育成プロジェクト」を担当するなど，大きな役割を果たしたのである。こうした日本の支援がプノンペンの奇跡の裏側にある。このような多くの北九州市の支援に対して，2011年にカンボジア政府から友好勲章「大十字章」が北九州市長に贈られた。この勲章は，友好関係に寄与した外国人に国王名で与えられる勲章である。さらに同市水道局の退職者を含む職員9人にも友好勲章「騎士章」が贈られた。このように日本の水道分野の国際協力が開発途上国の水道整備において大きな貢献をしている事実を見逃してはならない。

1.5　海外水ビジネス市場

1.5.1　海外水ビジネス市場と日本勢の状況

　世界全体で6億5,700万人が安全な飲料水を利用できていないことから，ここにビジネス・チャンスがあると期待されている。それは収益獲得を目指した海外水ビジネス市場への参入を意味しており，海外の水処理企業などをはじめとした民間企業がすでに世界的な競争を行っている。この海外水ビジネスの市

場規模は，2007年の36.2兆円から2025年には86.5兆円にまで拡大するものと予測されている（水ビジネス国際展開研究会［2010］6頁）。

　ところが日本の場合には，上下水道事業が公営であることもあって，民間企業は経験が十分でなく，海外の水処理企業が提供している管理・運営サービスと同等のレベルにまで達していない。これまで日本の民間企業は長く，世界的な水ビジネス全体の中では，素材・部材供給・コンサルティング・建設・設計などの限られた領域にとどまっており，管理・運営サービスの実績の積み上げは，今後の重要な取り組み課題となっている。ここに知識と経験を有する公営上下水道事業と民間企業等で構成される官民連携海外水ビジネスへの日本勢としての参入の仕組みの必要性が認められる。具体的には，水の管理・運営サービスのノウハウを有する地方公共団体を中心とした官民連携による「自治体海外水ビジネス」と称される市場参入方式が適当と考えられている。

1.5.2　官民連携海外水ビジネスの実績

　ODAによる水道分野の国際協力においては，2005年から2013年まで日本は世界第1位の援助国となっている。たとえば2013年の上位3カ国をみれば，日本1,615百万米ドル，ドイツ1,067百万米ドル，米国593百万米ドルとなっている（国際協力事業団［2016］15頁）。

　これに対して，ビジネスとしての国際展開の分野では，フランス等の海外水処理企業が手掛けているコンセッション契約等による水道事業全体の受託契約実績はまだない。しかしながら，設計やコンサルティング分野などで自治体海外水ビジネスの実績を年々積み上げており，今後の成長が期待される。

　たとえば北九州市では「北九州市海外水ビジネス推進協議会」を地方公共団体として日本で最初に立ち上げ，協議会の会員との官民連携などによって，すでに51件を受注している（北九州市［2017］1頁）。このうちカンボジア王国からは26件を受注するなど，官民連携を基礎とした海外水ビジネスを進めており，自治体海外水ビジネスは導入期から成長期に移行する時期に差しかかっていると考えられる。

1.6　官民連携海外水ビジネスの事例

1.6.1　日本の官民連携海外水ビジネスプロジェクト第1号

　日本の官民連携による海外水ビジネスの第1号案件は，北九州市による2011年3月のカンボジア王国シェムリアップ市の浄水場建設事業の基本設計事業の受注である（佐藤［2017］343-344頁）。

　具体的には，世界遺産「アンコールワット」で知られるシェムリアップ市の水道事業に対するJICAのODAに伴う調査補完事業として，北九州市と銀行系シンクタンクの株式会社浜銀総合研究所が官民連携により受注したものである。その主な内容は，施設設計および需要予測，配水管網計画を北九州市水道局が，財務分析をシンクタンクが行うものである。

　シェムリアップ市は都市化の進展と観光客の急増により水道の供給能力が不足しており，新たな水道施設の建設・拡充が急務となっていた。その改善策として浄水場を拡張し，水道普及率を17％から55％まで向上させようというものであった。

　この第1号案件は，その後に予定されている実施設計や浄水場の新設に向けた第1歩であるとともに，最終的には北九州市が官民連携チームを組成してシェムリアップ市の水道事業の受注獲得につなげようという目的を果たすことを目指した第1歩でもある。

　以上が第1号案件の概要であるが，この誕生の背景にはわが国厚生労働省とカンボジア王国鉱工業エネルギー省（現工業手工芸省）との間で交わされた「水の安全供給に対する協力に関する覚書」（2011年1月6日）がある。この覚書は，カンボジア王国における水の安全供給を促進するための協力事業に関する両省の共通認識を示すものであり，①日本の経験とカンボジア王国における先進的な取り組みの活用方策の検討，②日本およびカンボジア王国両国の水道産業界が有する技術力の活用方策の検討，③現地調査の実施，④カンボジア王国の水道事業者と日本の水道事業者・水道産業界との連携・協力の促進，の4つを活動範囲とすることを謳っている。

　したがって，第1号案件は両国間の覚書を基礎としたものと位置付けられよう。確かにこの案件は1地方公共団体と1銀行系シンクタンクの2者で構成されている点では参加者が限定されたものである。しかしながら，その枠組みの

背景には，厚生労働省，JICAの関与もあることから，政府関係機関，地方公共団体，民間企業が一体となって官民連携による自治体海外水ビジネスを切り拓いたものとして注目に値する。

こうした水道分野の自治体海外水ビジネスの実績と経験は，下水道分野でも活かされている。

2　下水道事業の国際展開

2.1　持続可能な開発目標（SDGs）における下水道の位置付け

2015年9月に開催された「国連持続可能な開発サミット」では，持続可能な開発目標（SDGs）が採決され，2030年を期限とする17の目標と169のターゲットが定められた。「誰一人取り残さない」社会の実現を目指し，経済・社会・環境をめぐる広域な課題に総合的に取り組むために，先進国，途上国，民間企業，NGO，有識者等，すべての関係者の役割を重視している。

下水道分野においては，目標6（水・衛生）にて以下3つのターゲットが定められている。

> **持続可能な開発目標（SDGs：Sustainable Development Goals）**
> 目標6．すべての人々に水と衛生へのアクセスと持続可能な管理を確保する
> ①6.2　2030年までに，すべての人々の，適切かつ平等な下水施設・衛生施設へのアクセスを達成し，野外での排泄をなくす。女性および女児，ならびに脆弱な立場にある人々のニーズに特に注意を向ける。
> ②6.3　2030年までに，汚染の減少，投棄の廃絶と有害な化学物・物質の放出の最小化，未処理の排水の割合半減及び再生利用と安全な再利用を世界的規模で大幅に増加させることにより，水質を改善する。
> ③6.a　2030年までに，集水，海水淡水化，水の効率的利用，廃水処理，リサイクル・再利用技術など，開発途上国における水と衛生分野での活動や計画を対象とした国際協力とキャパシティ・ビルディング支援を拡大する。

SDGsの前身であるミレニアム開発目標（MDGs）で掲げた「安全な飲料水と基礎的な衛生設備を継続的に利用できない人々の割合の半減」（目標7－

図表10－4　"安全な水とトイレを世界中に"

（出所）SDGsロゴ抜粋。

Ｃ）では，安全な飲料水の利用は2010年には76％から91％と達成に至ったが，衛生設備の継続的な利用については54％から68％と未達成であった。SDGsでは継続して下水道施設へのアクセスの改善に取り組むほか，新たに排水処理，リサイクル・再利用技術等についても言及されており，現地国の状況に見合った下水道分野の技術開発や協力，支援がより一層求められている。

2.2　インフラシステムの輸出戦略

日本のインフラ分野においては，海外でのビジネス展開を進めるうえで，相手国のニーズへの対応や経営面でのノウハウの不足や運営・維持管理まで含めた「インフラシステム」として受注する体制が整っていないこと，また国際展開を担う人材が限定的であること等が指摘されている。こうした状況を脱し，インフラシステムの海外展開を推進するため，2013年より経協（海外経済協力）インフラ戦略会議が開催されている。

2017年5月の本会議にて決定されたインフラシステム輸出戦略（第4回改訂）においては，以下の5本の具体的施策が掲げられた。

インフラシステム輸出戦略：5本の柱（具体的施策）
1．企業のグローバル競争力強化に向けた官民連携の推進
2．インフラ海外展開の担い手となる企業・地方自治体や人材の発掘・育成支援
3．先進的な技術・知見等を活かした国際標準の獲得
4．新たなフロンティアとなるインフラ分野への進出支援
5．エネルギー鉱物資源の海外からの安定的かつ安価な供給確保の推進

図表10－5　日本における下水道分野の国際標準化に関する主な取り組み

専門委員会	対象分野	幹事国	国内審議団体	具体的な規格
ISO/ TC 224	上下水道 サービス	フランス	日本下水道協会	・ISO 24510, 24511, 24512：2007 ・ISO 24521：2016 ・ISO 24516-3：2017 ・上下水道のアセット・マネジメント（WG 6：策定中） ・クライシス・マネジメント（WG7：策定中） ・トイレに流せる製品（WG10：策定中） ・雨水管理（WG11：策定中） ・水の効率性マネジメント（WG12：策定中） ・2017.6 第11回総会開催（深圳）等
ISO/ TC 275	汚泥の回収, 再生利用, 処理及び廃棄	フランス	日本下水道事業団 日本下水道施設業協会	・2012.7　フランスより提案 ・2013.2　作業開始 ・2013.11 第1回会合開催（パリ） ・2014.9　第2回会合開催（トロント）7つのWGを設置 　①用語の定義②評価方法③消化④土壌還元⑤熱操作⑥濃縮と脱水⑦無機物および栄養塩類の回収 ・2017.11 第5回会合開催（横浜）
ISO/ TC 282	水の再利用	日本 中国 議長国： イスラエル	国土交通省 下水道部	・2014.1　第1回会議開催（東京） 　SC1：灌漑利用（イスラエル提案） 　SC2：都市利用（中国提案） 　SC3：リスクと性能評価（日本提案） 　SC4：産業排水利用（中国・イスラエル提案） ・2014.4 承認 ・2017.11 第5回会議開催（マドリード）

(出所）国土交通省：横浜市上下水道シンポジウム特別講演資料より抜粋（以下，講演資料抜粋という）。

　上下水道事業に関しては，4．において「新たなフロンティアとなる分野」と位置付けられており，途上国や水資源の乏しい地域等での案件発掘等の段階からの関与が期待されている。さらに下水道分野においては，相手国ニーズに一層適用した技術開発・実証試験への支援，相手国人材の啓発・育成，下水道グローバルセンター（2.3.1参照）の機能強化によるビジネス環境の整備，海外進出を担う地方公共団体の人材育成，日本の技術の発信・理解促進・相手国の基準への組み入れ，包括的な汚水処理サービスの提案・案件のパッケージ化等が推進されている。上記方針を基として，国土交通省，関連団体，地方公共団体，民間企業の連携強化による海外展開が求められている。

　国際標準の獲得については，現在，日本の技術が正当に評価を受け活用されるルールづくりを目指し，官民が連携して活動を行っている。具体的には，汚

第10章　上下水道事業の国際展開　165

写真10－1　日本・インドネシア第3回建設次官級会合下水道分科会（東京開催）

（出所）講演資料抜粋。

写真10－2　国土交通省とカンボジア王国公共事業運輸省との覚書締結（2017年2月）

（出所）日本水道新聞社提供。

泥処理や再生水利用といった下水道分野に関する国際標準化の委員会に積極的に参画している。特に，水の再利用については，水分野では初めて日本が幹事国となり，国土交通省下水道部（流域管理官）が国内審議団体を担うなど，国のリーダーシップの下で進められている。

2.3　国際展開を支援する組織

2.3.1　下水道グローバルセンター（GCUS）

　2009年4月に公益社団法人日本下水道協会および国土交通省下水道部を事務局として発足した下水道グローバルセンター（GCUS）では，国際貢献・ビジネス展開支援・国内施策への還元を目的に，JICA等の国際協力活動に対し技術的側面を中心とした支援を行っている。38の民間企業，10の関係法人，16の自治体が参加しており（2017年11月時点），海外での現地調査・広報活動・情報収集・情報提供・研修支援等を実施している（**図表10－6**）。

2.3.2　水・環境ソリューションハブ（WES-Hub）

　2012年には，日本の下水道技術と政策の海外への積極的な普及を目的として，水・環境ソリューションハブ（WES-Hub）が発足した。国際展開において先進的な10の地方公共団体と日本下水道事業団の計11団体（Alliance Advanced Agency：AAA）により構成され，諸外国の都市等と積極的に交流し，世界の水・衛生問題の解決に貢献している（**図表10－7**）。

　たとえば北九州市では，官民連携のプラットフォームである北九州市海外水ビジネス推進協議会を母体に，姉妹都市であるベトナム国ハイフォン市やカンボジア王国プノンペン都において，上下水道一体での技術支援・人材交流に取り組んでいる。また，インドネシア国ジャカルタ特別州には専門家を派遣し，現地政府と常に情報交換できる環境を整えている。

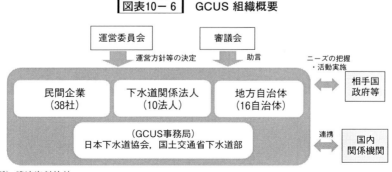

図表10－6　GCUS 組織概要

（出所）講演資料抜粋。

第10章　上下水道事業の国際展開　167

図表10－7　WES-Hub構成団体（10都市＋事業団）

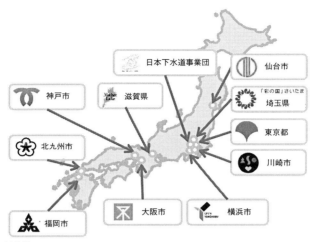

（出所）講演資料抜粋。

写真10－3　ベトナム国の職員への技術指導

（出所）講演資料抜粋。

写真10－4 北九州市とプノンペン都との覚書締結（2017年2月）

（出所）北九州市提供。

　このような活動が実を結び，北九州市の地元企業は，ベトナムやカンボジア王国，インドネシアでビジネス案件を獲得している。

　海外の下水道展開への貢献と地域産業の振興を兼ね備えたWin-Winの関係を構築しており，地方公共団体が取り組む水ビジネスのモデルケースとなっている。

2.4　国・地方公共団体の取り組み

　国際展開の取り組みは，日本と相手国間の協力覚書等による政策的交流から始まる事例が多い。国と国，そのもとで自治体間，そして，その協力体系のもとで，民間がビジネスを行うという構図である。また**図表10－8**に示すとおり，地方公共団体の事業参画も活発に行われており，活動状況はGCUSを介して地方公共団体間でも情報共有がなされている。相手国の発注者も主に国や地方公共団体であることから，官という同じ立場であることの利点を生かしつつ民間のビジネス支援することが期待されている。

　たとえば，ベトナム国においては，都市間交流が盛んであり，多数の技術協力が日本の地方公共団体や企業により実施されているほか，円借款事業も多く実施されている（本章3.1項の事例参照）。

図表10-8　国別の取り組み

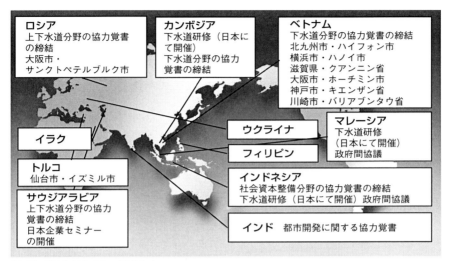

(出所) 講演資料をもとに筆者作成。

　また，本邦技術に関する現地実証の取り組みも進みつつある。日本では優れた技術と認識されていても，日本の従来技術をそのまま輸出するのみでは，相手国の求めるコスト，品質や条件と一致するとは限らない。たとえば，経済成長著しい東南アジアなどの途上国では，新たな下水道整備など汚水処理の促進が大きな課題であり，わが国と同等のスペックは必ずしも必要としないが，安価で短工期の技術に対するニーズが考えられる。一方，欧米等の先進国では，老朽化した下水道施設の維持管理・更新や，資源循環等の課題解決に資する技術へのニーズも想定される。さらに言えば，世界で必要とされる技術の中には，人口減少や少子高齢化が進展するわが国の下水道事業にとっても有用なものが含まれる可能性もある。

　そこで，国土交通省は，2017年度より「下水道技術海外実証事業（WOW TO JAPANプロジェクト）を新設した。現地の気象や社会的状況等を踏まえ，実際に現地で実証試験を行うことにより，当該技術の有効性等を確認するとともに，その普及活動を通じて，相手国発注者等の本邦技術に対する理解醸成を図り，海外における本邦下水道技術の普及を促進させることを目的としている。2017年度は，ベトナムのホーチミンにおいて，積水化学工業株式会社と日本下

水道事業団のJVが，非開削工法による老朽管の改築工事を実施した。

2.5　民間企業等の取り組み

　企業等においても，新技術の開発・海外展開の試みは積極的に進められている。

2.5.1　省エネ型水処理技術の海外展開

　メタウォーター株式会社は新たな処理方法である「前ろ過散水ろ床法」を開発した。これは，通常水処理に必要において必要となる曝気（微生物が利用す

図表10－9　技術概要（前ろ過散水ろ床法）

（出所）講演資料抜粋。

写真10－5　実証試験（ダナン市）

（出所）講演資料抜粋。

る空気を送り込むこと）に係る電力が不要で，大幅な省エネルギーを可能とする水処理法である。本技術の展開にあたっては，同社がベトナム国ダナン市において実証実験を実施し，2014年に日本下水道事業団による「海外向け技術確認」の承認を得た。また，2014年度に高知市において国土交通省B-DASHプロジェクトによる実規模（6,750㎥/日）での実証が行われた。これらの取り組みの結果，2016年にはベトナム国のODA/無償資金協力事業である「ホイアン市日本橋地域水質改善計画」を受注し，本処理方法による下水処理場の建設，運転維持，管理指導等に着手している（メタウォーター株式会社と月島機械株式会社のJV）。低コスト・省エネ型かつ維持管理が容易な下水処理システムとして，国内外における同時普及を目指している。

2.5.2　推進工法の海外展開

わが国でも上下水道やガス・電力分野等で多くの実績がある推進工法は，国内で様々な難工事を実施してきたが，関係する企業は多くが中小の専門業者であり，個別企業のみによる海外展開は困難が伴う。そこで，国土交通省では，推進工法関係企業からの相談を踏まえ，2014年6月GCUSに専門の分科会を発足させ，産官学による推進体制を構築した。その後，主にベトナムを対象に本邦研修の実施，現地における技術基準の策定（**写真10-6**）などに官民が連携

写真10-6　ベトナム版推進工法基準の手交（2016年3月）

（出所）国土交通省提供。

して取り組み，ホーチミン市など相次いで同国における下水道事業で本邦推進工法企業が受注するに至った。なお，国土交通省とベトナム国建設省が協働で策定した「ベトナム版推進工法基準」は，現在同国の国家基準へ位置付ける作業が進んでいる。

3　事　例

3.1　ハノイ市エンサ下水道整備事業

国名：ベトナム社会主義共和国

事業費：66,687百万円（うち今次円借款対象額：28,417百万円）

目的：ハノイ市における下水道システムの整備により，下流地域の公衆衛生の改善を図る。

事業概要：下水処理場建設，下水管網整備コンサルティング・サービス（詳細設計，入札補助，施工監理，運営・維持管理支援等）

事業スケジュール：2013年3月～2021年12月（予定）
　　　　　　　　　2020年12月施設供用開始（予定）

経緯：「ハノイ市排水・下水整備計画（開発調査）」（1993～1995年）
　　　「2010年までのハノイ市下水・排水・マスタープラン」（1995：ハノイ市排水・下水整備計画により作成）

図表10－10　ベトナム社会主義共和国

第10章　上下水道事業の国際展開　173

写真10－7　プロジェクト起工式

（出所）日水コン提供。

写真10－8　現地調査

（出所）日水コン提供。

「2020年までの修正マスタープラン」（1998年）
「ハノイ水環境改善事業」（2005年：上記修正マスタープランに基づいて実施）
「第2期ハノイ水環境改善事業」（2015年）

「2025年までの都市域および工業団地の下水道整備方針および2050年に向けてのビジョン（2009年11月承認）」に係る首相決定において，2015年までに都市部の40～50%において下水道を整備することが謳われている。本事業は前述の諸事業の後続にあたり，前事業は老朽化の進んだ排水施設の改善・強化や小規模な下水処理場の建設であったが，本事業では市内広域の汚水処理を目的として，ハノイ市最大規模の下水処理場の建設を目指す。本事業の対象区域はハノイ市の特に人口密度が高い地域であり，既存の排水管に流入する腐敗槽からの流出水の汚濁負荷が非常に深刻な影響を与えている。早期の水質改善を図るものとして，合流式による下水道整備が優先度の高い事業として位置付けられている。

3.2 キャンディ市下水道整備事業

国名：スリランカ民主社会主義共和国

事業費：17,278百万円（うち円借款対象額：14,087百万円）

目的：キャンディ市の下水収集・処理システムの整備，貧困層居住区における衛生設備等の整備・改善

事業概要：1）下水処理場建設，メインポンプ場建設等
　　　　　2）下水管布設，マンホールポンプ場建設等
　　　　　3）戸別接続
　　　　　4）貧困層居住区における衛生施設整備等
　　　　　5）コンサルティング・サービス（施工監理，運営・維持管理支援等，PR活動（意識啓発）等）

事業スケジュール：2010年3月～2020年3月（予定）
　　　　　　　　　2019年3月施設供用開始（予定）

経緯：スリランカにおいては，上水道の普及に伴い汚水の排出量が増加する一方，全国の下水道普及率は2.5%にとどまっている（本事業開始時）。コロンボ圏以外では未処理の排水が海や河川に放流されており，衛生状態の悪化や水源河川の水質汚染につながっている。

　こうした状況の改善のため，「国家開発十カ年計画」（2006年～2016年）では下水処理設備へのアクセス改善が掲げられており，またキャンディ市においては2020年までを目標に人口過密な貧困層居住区における

図表10－11 スリランカ民主社会義共和国

写真10－9 現地調査

(出所) 日水コン提供。

生活環境の大幅な改善を目指している。

　本事業では分流式による集水汚水管，中継ポンプ場，下水処理場に加え，貧困層居住区において公共トイレの改修・公共浴場の新設・改修も含まれている。また同居住区にて下水道整備後に私有トイレを設置する意思のある世帯に対し，私有トイレの建設も行う予定である。本事業の理解促進や保健衛生に係る啓発活動を実施し，住民の意思により積極的かつ円滑な接続が実施されるよう，現地の事業実施機関とコンサルタントが一体となり取り組んでいる。

写真10-10　ポンプ場整備

（出所）日水コン提供。

3.3　ジャカルタ特別州下水道整備事業（E/S）

国名：インドネシア共和国

事業費：2,367百万円（うち円借款対象額：1,968百万円）

目的：ジャカルタ特別州の下水処理場の建設，下水管渠の建設等を行うことで，下水処理の促進を図り，住民の生活・衛生環境の改善および環境保全に寄与する。

事業概要：1）下水管渠の建設

2）下水処理施設の建設

3）コンサルティング・サービス（①下水管渠の詳細設計・入札補助，②下水処理施設の基本設計・入札補助，③環境社会配慮にかかる補助調査，④施工監理，⑤財務面と組織面の機能強化）

本借款では，本事業のためのエンジニアリング・サービス（E/S）借款として，3）のうち，①，②および③を対象とする。

経緯：ジャカルタ特別州は，急速な経済成長に伴う人口増加や商業集積が顕著であるものの，下水道普及率は7％程度にとどまっており，河川等の公共用水域や地下水の水質汚染に起因する環境問題や住民の健康被害など，

水環境問題が深刻化している。

そのため，インドネシア「中期国家開発計画」（2015年～2019年）では，2019年までに公衆衛生施設へのアクセス率100%を達成することが掲げられており，ジャカルタ特別州知事令では，2022年までに下水道普及率100%（オフサイト65%，オンサイト35%）を目標としている。

そこで，ジャカルタ特別州政府は，JICAによる技術協力にて改定された「ジャカルタ汚水管理改定マスタープラン」に基づき，15の処理区域を設け，優先的に整備が必要となる第1処理区および第6処理区については，日本の支援によって整備するよう両国間で調整しているところである。

4 下水道事業の国際展開に必要なこと

これから下水道整備を始める国への国際展開には多くのニーズがある。しかしながら，そのような国では汚水は垂れ流しされているのが現状であり，汚水は経費をかけて処理するという，いわば社会的なイノベーションを興す必要がある。そして，下水道事業は事業期間の長いプロジェクトである。

そのため，技術を売り込むだけでなく，水質汚濁を克服してきた日本の経験を丁寧に伝えるとともに，相手国での法・財政制度や組織体制を整え，人材を継続的に育成していくことで，技術の受け皿を創っていくこと，そして何よりも信頼関係を築いていくことが日本の下水道の国際展開には重要である。

参考文献

外務省［2016］「水と衛生に関する拡大パートナーシップ・イニシアティブ」
　http://www.mofa.go.jp/mofaj/gaiko/oda/shiryo/pamphlet/wasabi/index2.html
外務省［2015］「(仮訳) 我々の世界を変革する：持続可能な開発のための2030アジェンダ」
　http://www.mofa.go.jp/mofaj/files/000101402.pdf
加藤裕之［2017］「横浜市上下水道シンポジウム～グローバル時代における上下水道を考える～」特別講演資料，国土交通省。
北九州市［2017］「海外水ビジネス案件を受注」北九州市上下水道局海外事業課記者発表資料。
国際協力事業団［2016］「平成27年度水道分野の国際協力検討事業報告書」。
佐藤裕弥［2017］「水事業の新展開」山本哲三編著『公共政策のフロンティア』成文堂。

首相官邸［2017］「インフラシステム輸出戦略（平成29年度改訂版）」。

水道公論［2017］「横浜市上下水道シンポジウム～グローバル時代における上下水道を考える～」2017年6月号，38-59頁，日本水道新聞社。

地方自治体水道事業の海外展開検討チーム［2010］「地方自治体水道事業の海外展開検討チーム中間とりまとめ」。

独立行政法人国際協力機構［2009］「事業事前評価表要約版（キャンディ市下水道整備事業）」
https://www2.jica.go.jp/ja/evaluation/pdf/2009_SL-P99_1_s.pdf

独立行政法人国際協力機構［2012］「事業事前評価表要約版（ハノイ市エンサ下水道整備事業（I））」
https://www2.jica.go.jp/ja/evaluation/pdf/2012_VN12-P6_1_s.pdf

独立行政法人国際協力機構［2013］「事業事前評価表要約版（ジャカルタ特別州下水道整備事業（E/S））」
https://www2.jica.go.jp/ja/evaluation/pdf/2013_IP-565_1_s.pdf

水ビジネス国際展開研究会［2010］「水ビジネスの国際展開に向けた課題と具体的方策」。

United Nations［2015］"The Millennium Development Goals Report 2015," pp.58-59.
https://www.csonj.org/mdgsnews/mdgs-final-report

第11章
下水道資源のイノベーション

1　はじめに：イノベーションとは

　下水は，水，窒素，リンなど栄養物，CO_2，熱エネルギー，社会環境を映し出す水質情報など多くの資源，価値を有している。これらの資源，価値の活用は以下のようなものが代表的内容である。

①資源の農業利用

　古くから下水処理場で発生した下水汚泥は，農業肥料の3大要素である窒素，リンが豊富であることからコンポスト化され地域の肥料として活用されてきた。しかしながら，その普及は農業関係者との連携不足により十分に進まなかった。最近では国交省による「BISTRO下水道」の取り組み，地方都市における農家との連携事例など下水道資源の「食」への活用にかかわる好事例が存在するようになってきた。

②汚泥消化ガスによる発電

　下水汚泥の減容化，安定化のための1つとして，消化槽による汚泥消化方式が採用されている。この過程で，消化ガスが発生し，このガスは，一部，消化槽の加温エネルギーとしても活用されてきた。近年では，これにとどまらず，地域のバイオマスとの連携なども始まり，バイオマスエネルギーが積極的に活用されている。この結果，処理場全体のエネルギー削減はもとより，地域の電力供給（FIT活用など）事業へと地球温暖化対策に貢献しつつある。

③下水水質情報等の活用

　下水処理場などに集められる下水には集水エリアの社会活動状況，人々の疾病状況，感染症流行状況などを反映した水質情報が多く含まれる。これら水質

情報を活用し，「感染症流行の防止」「住民見守り」「ヒトゲノム情報による薬品開発」など下水道の新たな活用の場面に夢が広がっている。この中でも，特に，感染症流行については，下水中の病原性ウイルスをモニタリングすることにより，その流行を早期に検知し，この情報を社会に発信することで，感染症の流行防止を図るものであり，下水道の新たな社会的付加価値を創造するものである。

このように，これらの資源・有価物を活用した多くのイノベーションが生起し，一般市民や農家などから多くの反響を呼びつつある。ここでは，下水道資源を「食」への利用を図っている佐賀市の取り組み，霧島市での取り組み，鶴岡市での取り組みを挙げ，また，感染症流行防止への貢献として下水水質情報を活用した具体的な事例を紹介する。また，これら新たな取り組みは，その普及がカギとなることから，佐賀市の取り組み過程を分析した結果をもとに，イノベーション普及方法を解説する。

2　下水道資源の「食」への利用

2.1　佐賀市の取り組み

下水処理場には水，窒素・リン，CO_2，熱エネルギーなどが集まってくる。特に，窒素・リンは，カリウムとともに肥料の3大要素に挙げられるなど，下水道は農業—「食」に貢献できる大きなポテンシャルを持っているといえる。これらの下水道資源を有効に活用し，再生水の農業用水利用や下水汚泥のコンポスト化等，農業等に貢献している好事例が存在する。下水汚泥を農業利用することは，消費者にとってはその嫌悪的イメージ，農家にとっては施肥方法の変更が必要になることから下水道政策の中でも特に難しい分野である。しかしながら，佐賀市は下水汚泥肥料の地域農家への普及に成功し，さらにそれを九州全域にまで普及させている。国土交通大臣賞，環境大臣賞グランプリ等，多くの表彰も受けた。

2.1.1　下水浄化センターの概要

下水浄化センター（**写真11-1**）は昭和53（1978）年に供用を開始した。平

写真11−1 下水浄化センターの全景

(出所) 佐賀市提供。

成28年度の日平均流入汚水量は53,230㎥/日，処理方式は標準活性汚泥法（4系列）・担体投入標準活性汚泥法（3系列）であり，処理水は有明海に注ぐ本庄江川に放流している。平成21（2009）年10月からは下水汚泥の堆肥化を，平成23（2011）年2月からは消化ガス発電を実施している。さらに，平成27年度には国土交通省のB-DASHプロジェクトの採択を受け，共同研究体の一員として，「バイオガス中のCO_2分離・回収と微細藻類培養への利用技術実証研究」にも取り組んだ。

2.1.2 下水汚泥の堆肥化事業について

　下水汚泥の堆肥化事業は平成21年10月に開始された。肥料製造過程においては，特別な菌を混合し，100℃近くで約45日間超高温発酵を繰り返した後，30日間熟成させることで，臭いのほとんどない完熟堆肥となり，さらに地域の食品工場で発生する副産物を混合し発酵促進を図るなど，地域独自の工夫がなされた。製造した肥料は下水浄化センターの敷地内で販売（20円／10kg）されており，口コミ等で評判が広まっていき，毎年完売となり，さらに小口利用者数は平成23年度の1,680人から平成27年度には約1.85倍の3,120人に増加している。

2.1.3 佐賀市における下水道資源イノベーションの全体像

　佐賀市では下水道に係る多くの資源の利活用を地域に還元することをコンセプトとし，**図表11−1**に示すような多岐にわたるイノベーションを起こしてい

図表11-1 佐賀市における下水道資源イノベーション

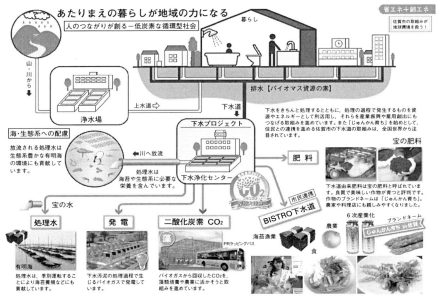

(出所)佐賀市提供資料。

る。

2.2 霧島市における取り組み

　霧島市では，地域資源および下水道資源の有効活用という視点からさまざまな取り組みが行われている。鹿児島工業高等専門学校（鹿児島県霧島市）の山内正仁教授が実施している「下水汚泥を用いた高付加価値キノコ生産技術及びその生産過程で発生する廃培地・炭酸ガスの高度利用技術の研究」がその取り組みの1つである。

　この研究の中では，地域資源である焼酎粕，孟宗竹等がバイオマスとして活用されている。従来，この焼酎粕や竹廃材は一部肥料等へ再利用されているが，未利用部分も多く，廃棄に多大な費用を要している。新たな利用方法が確立できれば多くの生産者に利益をもたらすこととなる。今回の研究では，キノコ生産上の下水汚泥の弱点を他のバイオマス（焼酎粕，竹廃材，牛糞等）で補うことで，良好なキノコ培地を作り上げることが可能となった。ヒラタケ，マッ

第11章　下水道資源のイノベーション　183

図表11－2　カスケード型バイオマス活用事例

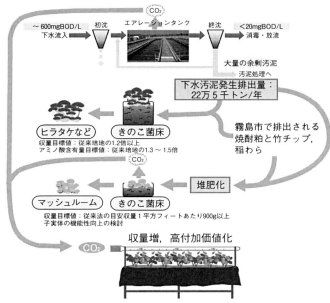

(出所) 山内正仁教授提供資料。

写真11－2　霧島市におけるお茶栽培の実験

(出所) 山内正仁教授提供資料。

シュルーム栽培の生産高を飛躍的に向上させ，また，グルタミン酸，アミノ酸含有率の向上を図ることが可能となった。なお，マッシュルーム栽培においては，牛糞堆肥も利用している。

さらに，キノコ収穫後の廃培地および栽培の際に発生する炭酸ガスを葉菜類や果菜類の栽培に活用し極めて地域内での循環性の高いバイオマス利活用方法を提案している。特にキノコ栽培地は，従来の肥料と比較して，高窒素，低カリウムであることから地域産業のお茶栽培への利用も進める予定である。

このように，地域で発生した下水汚泥を含む未利用バイオマスを活用し，キノコ生産，キノコ生産で生まれた新たなバイオマス資源を野菜，茶栽培へ活用するといったカスケード型バイオマス活用となっている。無駄のない循環型社会の形成を後押しするという画期的な取り組みである。今後，この取り組みがさらに進展し，このようなモデルが全国各地に広がっていくことに期待したい。

2.3　鶴岡市における取り組み

ユネスコ食文化創造都市の鶴岡市は，国交省下水道部，山形大学農学部渡部徹教授，JA鶴岡などと連携し，下水道の資源を活用し，農業，畜産業への貢献を図る取り組みを推進している。「再生水利用による飼料米の栽培」，「コンポスト下水汚泥を活用しただだちゃ豆栽培」「下水処理場で発生したエネル

図表11－3　資源循環システム構築のモデル

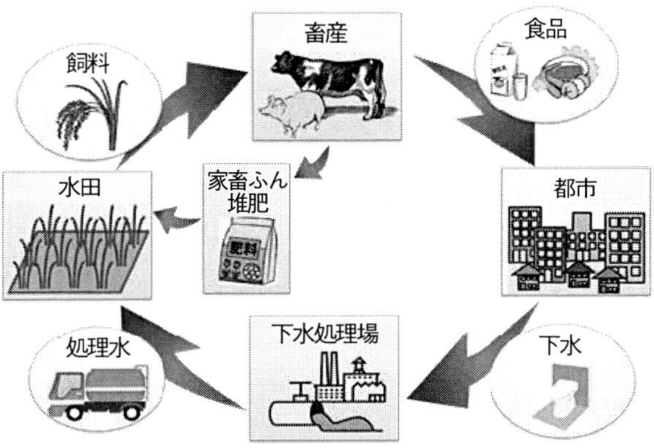

（出所）渡部徹教授提供資料。

ギーを活用した野菜栽培」の3つの取り組みを行っている。

2.3.1 再生水利用による飼料米の栽培

本取り組みは，山形大学渡部教授を中心に行われているもので，下水処理水を飼料米栽培における灌漑用水として供給し，コメの生産高の向上および高タンパク質の良質なコメを生産するものである。一般に，下水処理水には，窒素，リンを多く含むため，生産性向上が期待できるが，通常の水稲栽培では，栄養過剰による稲の倒伏が生じ，処理水の希釈や施肥方法を栽培期間中にこまめにコントロールする必要がある。飼料米の品種は，この倒伏に対し，一般の品種（人間が食するお米）に比べ，耐性が高いといわれており，ここに着目し，施肥コントロールの煩雑さを少なくした水稲栽培技術となる。

この生産技術が構築できれば，飼料米生産者への生産コスト削減，畜産の農家への低コストで安定的な飼料供給も可能となり，地域農業従事者全体に恩恵を与えることができると期待されている。

2.3.2 コンポスト下水汚泥を活用した「だだちゃ豆」栽培

鶴岡市のブランド枝豆である「だだちゃ豆」の肥料に，下水汚泥をコンポスト化した肥料を使用している。JA鶴岡が「鶴岡市農業協同組合コンポストセンター」として運営しており，農家に肥料を提供している。一般にコンポストの利用者である農家側は，下水道由来の資源利用に拒否感を持つ場合が多いが，鶴岡市は，市とJA，農家との間で，品質情報の共有化を図ることにより信頼関係を構築したうえで，下水道資源の地域循環が積極的に進められている事例といえる。JAと強力な協力関係にあるのが佐賀市と異なる点である。

2.3.3 下水処理場で発生したエネルギーを活用した野菜栽培

鶴岡市浄化センターでは，平成27（2015）年より消化ガス発電事業をBOO方式で実施している。この事業において一部余剰熱が生じており，この熱を野菜栽培用のビニールハウスに供給し，熱源利用を図るものである。現在は，まだ，計画段階にあるが，この取り組みを推進することにより，地域住民や農家などの参加による種まき会，収穫祭などイベントも開催し，下水道そのものの理解，循環型社会の必要性などを働きかける場となることが期待される。

2 下水道水質情報を基にした感染症予防への取り組み

　下水道に集水される汚水にはその集水域に住む人々の健康状況を表す情報が多々含まれている。ここで紹介するのは，下水中のノロウイルスをモニタリングすることにより，感染性胃腸炎の流行を事前に察知し，医療機関や公的検査機関，さらには，地域住民に情報提供することにより，感染症胃腸炎の流行の拡大抑制を図るための水監視システムである。期待される効果としては，感染性胃腸炎の患者数を低減できること，そして，そのことにより医療費を削減でき社会的負担の軽減につながることが挙げられる。また，患者からのノロウイルスの水環境への負荷を削減でき衛生学的な面からの安全な水環境を創造できる。

　従来の感染性胃腸炎の警報システムは，医療機関と公的検査機関が実際に医療機関を訪れた患者数に基づき発令するシステムに依存している。その結果，警報の発令が流行後となり事後対応となる場合が多い。一方，ここで紹介する

図表11-4　下水中ノロウイルス濃度情報発信システムの概要

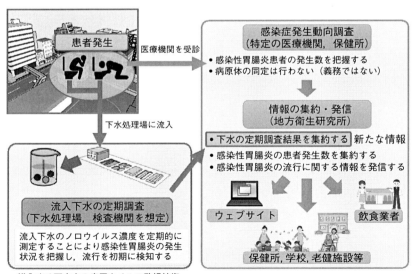

（出所）東北大学提供資料。

水監視システムは流入下水のノロウイルス濃度から感染症胃腸炎の動向を察知するため，患者数が増大する前に，その流行の可能性を発信することができ，結果的に流行を未然に防止するシステムである（図表11-4）。なお，本取り組みは，東北大学未来科学共同研究センターの大村達夫教授，山形大学，株式会社日水コン，仙台市にて普及に向けた研究が進められている。

4 イノベーション普及理論から佐賀市成功の秘密を分析

4.1 エバレット・ロジャースの提唱した段階的イノベーション普及理論

新たな技術や商品を社会に普及させていくためのマーケット論は古くより進められている。最も有名な理論は，1960年代に米国のマーケティング研究から普及理論を研究したエバレット・ロジャースの提唱したイノベーション理論であり，現在でも多くの商品の普及拡大の基礎理論である。

エバレット・ロジャースの提唱したイノベーション理論では，イノベーションの採用者の増加プロセスを時間軸で段階的に分けて，各段階でターゲットとすべき採用者の特性および，まだ採用していない潜在的採用者に効果的な情報

図表11-5 エバレット・ロジャースのイノベーション理論による普及イメージ

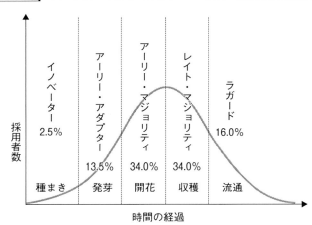

（出所）第44回土木学会環境システム研究論文発表会での筆者講演資料。

提供のあり方を提案している。まずは，イノベーター（Innovator），そして，イノベーターの最初の共感者である初期活動者（アーリー・アダプター：Early adapter），次に事業展開シナリオに興味を有し参画する多数派（アーリー・マジョリティ：Early majority），そして明確な事業成果に興味を引かれた多数派（レイト・マジョリティ：Late majority），最後に最もイノベーションに無関心で懐疑的な人々（ラガード：Laggard）に普及させていくという理論である。この理論とユングのタイプ論（人間の生まれつきの資質を区分けした理論）を組み合わせ，イノベーション普及の各段階でどのような資質を有する人物が必要となるかを佐賀市での普及過程を例に分析した。なお，各プロセスは**図表11－5**に示すように農業利用をイメージして「種まき」「発芽」「開花」「収穫」「流通」と名付けた。

4.1.1　第１プロセス「種まき」

　佐賀市には，太陽のように利他の心でビジョンを語り皆を照らす資質を持つ一人の佐賀市職員であるイノベーターがいる。イノベーターの夢は「食による地域住民の健康の実現」であり，下水汚泥の処理方法を焼却からコンポストに変更し「地産地消の無農薬の食材をつくる」という夢の実現を持った。そして，この夢に共感した，市職員や一部の農家等の微生物についての知識を有する者（専門的知識に高い関心を示す資質を有する者）が農地での実験を開始した。彼らのほかに，キャッチーなコピーとイノベーターのビジョンを絵にするデザイナーや放送関係者（普及のための風を起こせる資質を有する者）からもイノベーターのビジョンに共感して伝える者が活動している。彼らが，アーリー・アダプターである。

4.1.2　第二プロセス「発芽」

　下水汚泥の肥料は有用なアミノ酸を多く含む一方，炭素不足と高いPH値が課題となる。イノベーターは，微生物の知識を有する人の協力により，バチルス菌を含む有用菌を配合し，炭素供給のための籾殻および灰白土等を加え，さらに，地域外部からの新たな素材としてキトサンを県外から取り寄せて配合実験を行い地域独自の施肥方法を発明している。実際の農地を使用する小規模実験には，共感した市職員の農家等が参画し，味の評価等を行った。農作物の評

価は,「化学肥料を使うよりも苺の糖度が上がった」,「アスパラガスの収穫量が増えた」,「収穫が早まり商品価値が高まった」などさまざまなものがあり,「おいしい」等の数値に変換できない感覚的なものと「糖度」「アミノ酸」等の科学的数値によるものの両方の評価を行った。そして,これらの評価を地域内の農家に個別に説明し,共感者に広げていった。この段階での参画者が「初期多数派(アーリー・マジョリティ:Early majority)」である。

4.1.3 第3プロセス「開花」

「開花」では,地域の資源循環を推進するNPO(循環型 環境・農業の会)が大きな役割を果たしてくる。このNPOは,「うま味が上がった」等の農作物の評価を農家同士の口コミ等で広げるためのさまざまな取り組みや下水処理場を1つの社交場としてさまざまな取り組みを行い,レイト・マジョリティを取り込む。代表的な取り組みとして,定期的に地元農家を集めての「農業勉強会」を開催している。農家が集まり,下水汚泥肥料の基本的な施肥の方法や留意点等について質問と回答のやりとりを通じた形式知と暗黙知の共有と創発が行われる。

一般市民に対しての広報活動も展開した。「バイオマスタウン佐賀」というスローガンを掲げた。そして市政を広報するラッピングバスや広報誌のデザインとして下水汚泥と食の融合についても美的でわかりやすい絵を描き広報を行う。デザインの作成には,アーリー・アダプターとしてデザインについての専

写真11-3 農業勉強会

(出所)循環型 環境・農業の会提供資料。

門知識を有して参画しているデザイナーのセンスが生かされた。

4.1.4　第4プロセス「収穫」

　地域ブランドの確立のため，佐賀市は，国の表彰制度等にも積極的に応募し，2012年に国土交通大臣賞（循環のみち下水道賞）を受賞している。これが参画者の意欲の高揚に結びつくとともに，表彰状等を肥料の配布所に貼り出し，その事実を口コミで地域に拡散するような工夫も行っている。

　また，積極的なメディア活用（テレビ，雑誌，新聞等）も展開している。佐賀市の取り組みがNHKおよび全国ネットのテレビ等でも取り上げられたことで，他県等からの問い合わせや見学者が大幅に増加したとのことである。佐賀市のこれらの取り組みにより，全国的なブランドになるとともに，参画者の意欲と地域内での評価を高めることに結びつけている。この段階でラガードまで取り込むこととなる。

図表11－6　種まき理論の体系

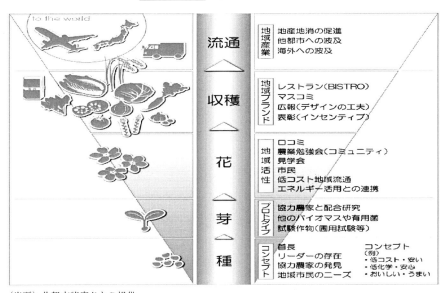

（出所）佐賀市諸富さとこ提供。

4.1.5　第5プロセス「流通」

　佐賀市は地域産業として確立するために他都市への協力も積極的に行っている。具体的には，沖縄県石垣市が佐賀市の堆肥に興味を持った際には，イノベーターが施肥の方法等まで指導した。また，全国にメディア露出したことで，全国からの見学者が急増している。地域の住民が，他地域の住民にも協力し感謝されることで一層の意欲高揚が図られるとともに，全国的な流通ネットワークの形成が図られている。

4.2　イノベーションの採用速度の決定要素からの分析

　エバレット・ロジャースが提唱したイノベーション普及理論では，その速度に影響を与える要素についても提示されている。「相対的優位性」「両立可能性」「複雑性」「試行可能性」「観察可能性」，そして「再発明」の有無である。

　①「相対的優位性」とは，コスト面を考慮しつつも，これまでの技術と比較して，どのような優れた点があるかを採用者に知覚させることができるかという要素である。客観的データそのものも重要であるが，潜在的採用者の感覚を刺激し知覚させることができるかがポイントで，無農薬および循環型社会の形成に資する取り組みであること，また，「うま味」で良い評判を立てて普及を早めた。

　②「両立可能性」とは，これまでの経験と新たな方法との「両立」によりスムーズにイノベーションを導入させることである。汚泥肥料は，農家の方々にとっては経験のない素材であり新たな施肥技術の採用が必要となる。佐賀市では，肥料という製品だけでなく農業勉強会等で施肥方法も合わせて普及させていった。

　③「複雑性」とは，理解のしやすさである。イノベーションの科学的原理等が潜在的採用者にとって理解困難である場合は普及速度に悪影響を与える。農作物は味わうことにより感覚的に実感することは容易であるが，その理論については，下水汚泥肥料が農作物の「うま味」等へ及ぼす効果を農家の人に具体的数値とわかりやすい表記で説明する必要がある。佐賀市ではアミノ酸や収量等を数値化・視覚化した。

　④「試行可能性」とは，イノベーションを小規模であっても実際の現場で試行できることである。試行結果を証拠として普及速度を早めることができる。

[図表11−7] アスパラガスのアミノ酸含有量および収量と経費

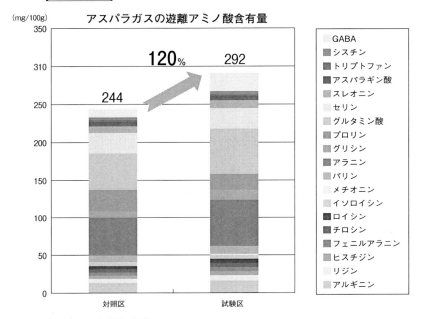

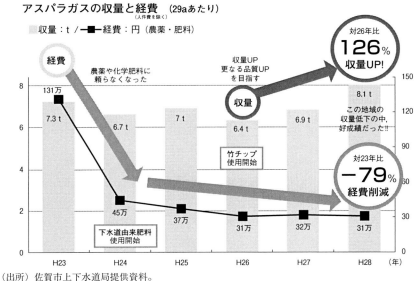

(出所) 佐賀市上下水道局提供資料。

佐賀市では，下水汚泥肥料による農作物の生産を畑の一部または下水処理場の敷地等を活用することで試行した。

⑤「観察性」とは，イノベーションを採用した結果を多くの潜在的採用者が観察できることである。結果を可視化したイノベーションは，コミュニケーションツールを活用して普及速度を早めることが容易である。佐賀市では，施肥による試行結果を含めて，生産された農作物の味見，単位面積当たりの生産量の数値，施肥の様子および害虫の有無などにより地域の方々が観察できるようにした。

⑥「再発明」とは，イノベーションが試行段階を含めて採用者に利用される過程において，独自に最適なものに修正されていくことである。マーケット理論においては，再発明があるイノベーションは普及が早いだけでなく持続性が高いといわれる。佐賀市では，高温発酵させる商品化された菌に地域素材や外部素材の配合する実験を繰り返し地域独自の肥料と施肥方法を再発明している。

5 おわりに：さらなるイノベーションに向けて

本章では，下水道資源の活用におけるイノベーションについて，最近の代表的な取り組みを紹介した。特に，佐賀市の取り組みでは，技術やコストだけでなく，そのイノベーションをどのように普及させていくか，普及理論を用いて解説した。最も重要なことは，熱いハートを有してビジョンを構想する資質を有する者を中心に，これに共感する異なる資質を有する者が集まり，段階的にターゲットする人を広げていくことである。

これらの紹介した取り組みがさらに普及し，イノベーションの渦が拡大していくことを期待したい。

参考文献

小川文章［2017］「市民の資源を市民に還元～きのこ生産を核とした下水道資源の多段活用～」「下水道イノベーション～じゅんかん育ちと地域活力～」「BISTRO下水道 in霧島 鹿児島高専 2nd」講演資料。

加藤裕之［2016］「普及理論に基づく下水汚泥の再利用についての研究」第44回土木学会環境システム研究論文発表会講演集。

山内正仁［2017］「下水汚泥を用いた高付加価値きのこの生産技術及びその生産過程で発生する廃培地・炭酸ガスの高度利用技術の開発」研究報告書。
山口賢一［2017］「「下水処理水などBISTRO下水道in佐賀」の取り組み」『再生と利用』Vol.42，No.156。
渡部徹［2017］「下水再生水を活用した飼料用米栽培に関する研究」研究報告書。

第12章

下水熱エネルギーの利活用：
実装例の技術的視点

1　はじめに：下水熱利用への期待

　最初に強調すべきは，平成27（2015）年7月施行の改正水道法によれば，民間業者による管渠内への熱交換器等の設置が可能になっている。これは，すなわち，民間業者の下水熱利用への参入が従来に比べて容易になったことである。そこで，国土交通省監修の「下水熱利用マニュアル」を用いて，この未利用熱の活用について概説する。

- 特長：下水熱には他の再生エネルギー熱と比べて，都市域における熱需要家とのマッチングの可能性が高く，さらに採熱による環境影響が小さい等，複数のメリットがある。わが国では下水道施設の利用が35箇所（2012年）行われていることに加え，下水道施設以外での地域における利用も進んできており，14件程度実装されている。
- 下水道利用の導入効果としては，熱利用者にとっては省エネルギー効果，下水道管理者にとっては下水道資源の有効利用によるプレゼンス向上。地域社会にとっては地球温暖化防止など，各主体に有益な効果をもたらす。
　　特に今後の下水道は既存ストックのマネジメントが中心となってくるため，下水処理場の改築・更新や下水道管路の更生に当たり，設備・事業に付加価値を与えることは資産運用により下水熱利用に関わる料金収入等経営状況を改善できる可能性もある。

　上記のように，下水熱はポテンシャルを持った再生可能エネルギーであると

考えられ，今後さらなる普及が期待される。

ここでは，大阪で行われた下水熱利用に関する実装試験ならびに東京都文京区後楽一帯の熱供給事業にふれ，その成果ならびに，今後の課題を技術的な側面から述べるとともに，姫路市で実装された下水処理場の汚泥を用いた発電にも言及したい。

2　下水道のエネルギー利用に係る代表的事例

2.1　都市排熱"下水熱"を利用した高効率ヒートポンプシステム

『三菱重工技報』Vol.52, No.4［2015］に掲載された"都市排熱'下水熱'を利用した高効率ヒートポンプシステム"において解説されるとおり，下水熱利用開始までに技術面で必要な課題についての開発・実証が，各分野に精通している大学・企業と共同で行われている。このプロジェクトは，2011年の独立行政法人新エネルギー・産業技術総合開発機構（NEDO）の委託事業からスタートし，2014年の委託事業終了まで行われ，現在も普及に向けて活動が続けられている。主な参加団体は，大阪市立大学，株式会社総合設備コンサルタント，中央復建コンサルタンツ株式会社，三菱重工業株式会社，関西電力株式会社であり，大阪市立大学（中尾正喜教授）がリーダーを務めている。なお，筆者もNEDOの技術委員として視察し，プロジェクトの評価を行った。

上記の技術論文を参照しながらこのプロジェクトを紹介したい。

まず，都市排熱である下水道の特徴を，その流量と温度測定から述べている。積算下水流量を100として1時間の流量（積算）を示しているが，住宅，業務地域ともに真夜中にピークがあり，早朝はその半分程度である。また，下水温度は18℃（冬季）～30℃（夏季）の間を推移しており，0℃（冬季）～30℃（夏季）まで変動する外気温度に比べると安定している。特に冬季はヒートポンプに対して熱源として有利な温度となっている。

下水熱の分布や賦存量の推定は，国土交通省と環境省による下水道ポテンシャルマップを推奨している（「下水熱ポテンシャルマップ作成の手引き」）。

2.2　熱回収技術（熱交換器）

　キーとなる技術，すなわち低温度差であること，さらに夾雑物やバイオフィルムを含む非常に厳しい熱交換が強いられる下水からの熱回収を担う熱交換器には，以下の形式がある。

　下水利用マニュアルの分類では管路内と管路外に分けている。

- **管路内設置型熱回収技術**

　管路内設置型熱回収技術には，らせん方式，熱交換マット方式，管路内ヒートパイプ方式，管底設置方式（金属）・管更生併用型，管底設置方式（樹脂），管路一体型（樹脂）がある。

- **管路外設置型熱回収技術**

　管路外設置型熱回収技術には，プレート方式，シェルチューブ方式，二重管方式，流下液膜式がある。また，熱交換器への夾雑物流入を防止するためのスクリーン，オートストレーナーが付属設備として必要な場合がある。

　大阪で行われたNEDOプロジェクトでは，管路外設置型3種類を取り上げている。

- **樹脂アルミ熱交換器**

　スクリーンを経由して取水した下水をピットや水槽に溜め，その中に投げ込み式熱交換器として熱交換を行う方式である。樹脂製のため適度に簡易な洗浄を行えればバイオフィルムが取れやすいメリットがある。このため設置スペースが大きくなる。

- **流下液膜式**

　スクリーンを経由して取水した下水を熱交換器の上部より流下させ，表面を伝わらせることで熱交換を行う方式である。常に下水を流下させることと，洗浄による適度なメンテナンスを行うことで，バイオフィルムの付着による影響を受けにくいメリットがある。反面，設置スペースが少し大きくなる可能性がある。

- **二重管式**

二重管の内管側を取水した下水,外管側に熱源水を通して熱交換を行う方式。管路のつなぎをコンパクトにして省スペースを実現させる方式も存在する。

このプロジェクトの結果からは,管路底部設置型(並列,直列型)と管路外設置では,流下液膜式が推奨されている。

- **夾雑物補足用のスクリーン**

また,付属機器ではあるが管路外熱交換器に導水する下水に含まれる夾雑物をあらかじめ細くするための設備であるスクリーン形状には,パンチングメタルやスリットが用いられる。スクリーンの裏からのポンプ洗浄や逆流洗浄機能を有している。このプロジェクトでは,パンチングメタルが推奨されており,その基本洗浄効果を測定している。

2.3 下水熱を利用し熱を供給する技術(水熱源ヒートポンプ)

もう1つの重要な技術としては水熱源ヒートポンプ(以下,HPという)がある。このHP性能は,温水と熱源水との温度差が小さいほど効率がよい。熱源として下水[18℃(冬季)〜30℃(夏季)]が利用できれば,従来の外気[0℃(冬季)〜30℃以上(夏季)]を利用する空気熱源ヒートポンプより,特

図表12−1 水熱源ヒートポンプの仕様

項目	仕様	
	空調 暖房	給湯
能力	30kW	30kW
温水温度	入口30℃,出口35℃	入口9℃,出口65℃
熱源水温度	入口15℃	入口15℃
下水温度(想定)	18℃	
COP [注]	6.91	4.01
冷媒	R410A	
L×W×H	0.784m×1.05m×1.55m	
本体質量	450kg	

(注) Coefficient of Performance(成績係数)。
(出所) 栂野他[2015]84頁。

に気温が低い冬季には飛躍的な効率向上が期待できる。また温水についても，上述のとおり熱源水との温度差が小さいほど効率がよいため，暖房用途は暖房負荷により温水温度を変化させることを想定し，温水35℃仕様とした。ヒートポンプの仕様を**図表12-1**に示す。宿泊施設や集合住宅用途を想定し，能力は1モジュール30kW，1台で給湯，暖房運転が可能とした。性能（動作係数COP。熱機関では効率に相当するがHPの場合には1より大きくなる）は，給湯で4.01，暖房で6.91と，ともにトップクラスの性能を有するものを採用している。

2.4 システム検討

下水熱ヒートポンプシステムの最適運用を目的にいくつかのモデルを取り上げて，経済性および環境性を検討している。

給湯については，①水熱源HP＋バックアップ用ボイラー，②水熱源HP＋カスケードタイプのボイラー，暖房では①水熱源HP＋空気熱源HP（バックアップ），②蓄熱つき水熱源HP，③水熱源HP（蓄熱および変温つき），以上5種類について検討している。その結果，最適なシステムを以下のように推奨している。

2.4.1 給 湯

(a) 水熱源ヒートポンプを優先的に運転し，水熱源ヒートポンプの能力が不足する場合にボイラーを利用する［水熱源ヒートポンプ＋ボイラー（バックアップ）方式］が最も有望であった。宿泊施設では，ランニングコスト69％削減，エネルギー消費量29％削減となり，集合住宅では，ランニングコスト69％削減，エネルギー消費量28％削減となる。

(b) 給湯負荷は通年で存在するため水熱源ヒートポンプの年間稼働率が高く，償却年数は4年程度と経済的なメリットが大きい。

2.4.2 暖 房

(a) 蓄熱槽を備えかつ供給温水温度を月ごとの負荷に合わせて変化させる［水熱源ヒートポンプ（蓄熱＋変温）方式］が最も有望であった。宿泊施設では，ランニングコスト41％削減，エネルギー消費量33％削減となり，集合住宅では，

ランニングコスト23％削減となる。

(b) 暖房時にはランニングコストを40％程度削減可能であるが，暖房が必要な期間は限られており，水熱源ヒートポンプの年間稼働率が給湯より低い（試算では年間150日）ため償却年数が長い。宿泊施設では10年以上，集合住宅では30年以上となる。

2.5 東京・後楽１丁目周辺の例：温度差熱エネルギーを活用した熱供給

この地域では，日本初となる未処理の下水を熱源として利用する地域冷暖房が1994年（平成６年）７月に誕生し，現在では６需要家７棟（総延べ床面積242,384㎡）で年間に冷熱２TJ，温熱22TJほどの熱が供給されている。この熱供給システム（地域冷暖房DHCプラント）は後楽１丁目ポンプ所の地下に設置され，水熱源HP２台，熱回収型HP２台，蓄熱槽３槽と熱交換器３台で構成される。製造した熱は，往き還り合計４管方式の地域導管を通して冷水７℃，温水47℃でそれぞれ需要家に供給している。この地区の大きな特徴は，熱源水ポンプ３台，ストレーナー６台，熱交換器２台で構成されるシステムにより下水を取水して清水と熱交換している点である（１日最大6,400㎡）。熱交換後の下水は再び幹線に戻され，水再生センターにて処理される。この設備は1994年の稼動から20年余が経ち，メンテナンスコストが上昇する時期となったので，2015年から設備更新およびシステムの再構築を行っている。当面の目標は2010

図表12－2 後楽地区の熱供給主要設備一覧（再構築含む）

	機器名	当初能力	再構築後能力
熱供給プラント	水熱源ヒートポンプ	加熱能力 92.0GJ/h 冷却能力 76.0GJ/h	加熱能力 16.7GJ/h 冷却能力 16.5GJ/h
	熱回収型ヒートポンプ	加熱能力 36.5GJ/h 冷却能力 33.5GJ/h	加熱能力 35.4GJ/h 冷却能力 36.1GJ/h
	ターボ冷凍機	－	冷却能力 25.4GJ/h
	蓄熱槽	合計容量 1,520㎡	合計容量 1,520㎡
下水道施設	下水熱交換器	暖房時 64.4GJ/h 冷房時 83.8GJ/h	暖房時 64.4GJ/h 冷房時 83.8GJ/h
	熱源水取水ポンプ	66㎡/min（固定速）	66㎡/min（可変速）

（出所）麻生［2015］19頁。

年度のエネルギー使用量の22%削減を狙っている。再構築後の主要設備を**図表12－2**に示す。

3 発電による排熱回収：汚泥焼却設備からの排熱を適用した発電

次に，下水処理場における廃熱利用発電に関する実証試験について概説するが，地中熱発電や温泉熱利用に適用されるバイナリー発電システムをうまく活用している。

下水処理場は，下水や汚泥の処理過程で多量のエネルギーを消費するとともに，公共施設の中でもとりわけ大きな温暖化ガスの発生源となっている。そこで，所内で汚泥を処理する際に発生する低位排熱（温度の低い排熱を指す）を利用した発電システムを開発することでエネルギー消費量の低減ひいては温室効果ガス排出量の削減を目標としている。

3.1 実証試験

この実証試験は，兵庫県加古川市下水浄化センターの流動焼却設備を用いて行われた。株式会社神鋼環境ソリューションと公益社団法人日本下水道新技術機構の共同研究である。

バイナリー発電仕様を表に示す。発電機出力は72kW（正味60kW），動作媒体は冷媒245fa（沸点：約15℃）であり，膨張器と発電機は一体で，半密閉スクリュー方式を採用している（**図表12－3**）。

発電は，排煙処理塔で発生する排熱の循環水を加熱源として二次処理水によ

図表12－3 下水浄化センター設置バイナリー発電仕様

項目	仕様
出力	最大発電端出力：72kW
熱源	温水（70℃以上95℃以下）
作動媒体	HFC245fa（沸点：約15℃）
サイクル	ランキンサイクル
膨張機	スクリュー式

（出所）岩下［2015］14頁。

図表12-4　経済性評価および温室ガス削減効果

経済性評価

	項目		単位	焼却設備施設規模 50t/日		焼却設備施設規模 100t/日		焼却設備施設規模 200t/日	
	建設費	機械設備(注1)	百万円	53.3		53.3		104.6	
		電気設備(注1)	百万円	10.2		10.2		16.5	
		計	百万円	63.5		63.5		121.1	
		計（国庫補助控除）(注2)	百万円	21.2		21.2		40.4	
	維持管理費		百万円/20年	39.9		39.9		79.8	
C	建設費・維持管理費合計		百万円	61.1		61.1		120.2	
	発電量(注3)		kWh	25.7	25.7	32.4	32.4	64.8	64.8
	電力単価(注4)		円/kWh	12	15	12	15	12	15
B	20年合計金額		百万円/20年	48.9	61.1	61.6	77.0	123.2	154.0
	B/C			0.80	1.00	1.00	1.26	1.02	1.28

（注1）実験結果を踏まえたメーカーヒアリングによる。
　　　既存設備に増設する場合，施設状況を踏まえて別途費用を要する場合がある。
（注2）国庫補助控除は，流域下水道を対象とした補助率3分の2とする。
（注3）発電量の算出条件は，温室ガス削減効果の注2と同様とした。
（注4）各地域の電力会社の料金単価の単純平均値（11.81円/kWh）および最高値（14.72円/kWh）から，12円/kWhおよび15円/kWhの2ケースについて試算する。
（注5）年間の稼動日数を330日/年とする。

温室ガス削減効果

項目			単位	焼却設備施設規模 50t/日	焼却設備施設規模 100t/日	焼却設備施設規模 200t/日
試算条件	温水	温度	℃	76	76	76
		流量	m³/h	51	100	200
	冷却水	温度	℃	25	25	25
		流量	m³/h	76	150	300
バイナリー発電設置台数(注1)			台	1	1	2
1台当たりの発電量			kWh/h・台	25.7	32.4	32.4
発電量合計			kWh/h	25.7	32.4	64.8
年間発電量(注2)			kWh/年	203,544	256,608	513,216
CO_2排出係数(注3)			t-CO_2/kWh	0.000525	0.000525	0.000525
年間CO_2削減量			t-CO_2/年	106	134	269

（注1）バイナリー発電1台当たりの水量は，温水流量100m³/h以下，冷却水流量は150m³/h以下とする。
（注2）年間発電量（kWh/年）=発電量（kWh/h）×24hr×年間稼働日数（330日）。
（注3）東京電力のCO_2実排出係数（2012年度実績）。
（出所）「下水処理場における小型バイナリー発電による排熱利用に関する共同研究」『2013年度　下水道新技術研究所年報』Z16-B74，85頁。

る処理塔冷却水を冷却源として行っている。熱交換器に対する腐食が懸念されるため，耐腐食性を持つ特徴があるチタン製熱交換器を用いている。運転は温水および冷却水流量を設定して行われた。

3.2　発電性能結果

冷却水温度は季節変動があり，冷却温度が低くなる冬季に送電端出力は大きくなり，温水温度が77℃の場合，35kWの出力が得られている。送電端発電効率（送電端出力/蒸発器回収エネルギー）は4～5％で推移しており，やはり冬季のほうが若干高い結果となっている。

耐食の状況は蒸発器，凝縮器の熱交換プレートの状況をチェックしており，凝縮器のプレートに付着物が確認されたが，高圧水による洗浄で除去可能であった。また，チタンは十分な耐食性を持つことが水質分析からも確認されている。

経済性および環境性については，**図表12－4**のように試算されている。発電量や電力単価に依存するが，おおむね100ｔ以上の焼却設備に導入すれば経済性が成立すること。また電力由来の温暖化効果ガスの削減効果も期待できる結果となっている。

下水汚泥の利用については，この他にもバイオガス化（汚泥を発酵してバイオガスが得られる）を利用して，発電や天然ガス自動車燃料として活用する方法，水素製造，加えて他の木質系や食品系のバイオマスによって増量しながらガス化する方法などが取り上げられ，現在実証試験が行われている。また，汚泥の固形燃料化を取り上げている都市も多い。

4　おわりに：下水熱利用のためのキーとなる技術は

繰り返しになるが下水熱には他の再生エネルギー熱と比べて，都市域における熱需要家とのマッチングの可能性が高く，さらに採熱による環境影響が小さい等，複数のメリットがある。また，平成27（2015）年には水道法が改正され，民間業者の参入が認められたことから，将来可能性を持つ都市部の再生可能エネルギーと位置付けることができる。キーとなる技術は，熱回収用の熱交換器，そして水熱源ヒートポンプの高性能化，低沸点冷媒を動作媒体としたバイナ

リー発電サイクルの工夫であろう。

補　遺

　その他の例には，河川水を低位熱供給に用いる東京の箱崎や大阪の中之島2・3丁目地区地域熱供給がある。また，青森県弘前市ではスマートシティ構想の一環として，地下水熱，水道管熱を熱源とした融雪の実証試験や，ガス化を介さず，下水道汚泥から水素を直接取り出す技術開発が産学連携で行われている。

　最近刊行された資源エネルギー庁作成の『2017年度エネルギー白書』では，生活排水や中・下水・下水処理水の熱を未利用エネルギーとして取り扱い，次のように記載している（(2)再生可能エネルギーの⑧179頁）。

　　未利用熱エネルギーとは，夏は大気よりも冷たく，冬は大気よりも温かい河川水・下水などの温度差エネルギーや，工場などの排熱といった，今まで利用されていなかったエネルギーのことを意味します。
　　具体的な未利用エネルギーの種類としては，①生活排水や中・下水・下水処理水の熱，②清掃工場の排熱，③変電所の排熱，④河川水・海水・地下水の熱，⑤工場排熱，⑥地下鉄や地下街の冷暖房排熱，⑦雪氷熱　などがあります。
　　（中略，雪氷熱が古くから降雪量の多い地域で利用されていることを述べている；筆者注）。
　　清掃工場の排熱の利用や下水・河川水・海水・地下水・海水・地下水の温度差エネルギー利用は，利用可能量が多いことや，比較的，都心域の消費に近いところにあることなどから，今後更なる有効活用が期待される未利用エネルギーであり，エネルギー供給システムとして，環境政策，エネルギー政策，都市政策への貢献が期待されている地域熱供給をはじめとしたエネルギーの面的利用に併せて，さらに導入効果が期待できるエネルギーです。

　さらに概念図も**図表12－5**のように示している。

図表12-5 未利用エネルギーの活用概念図

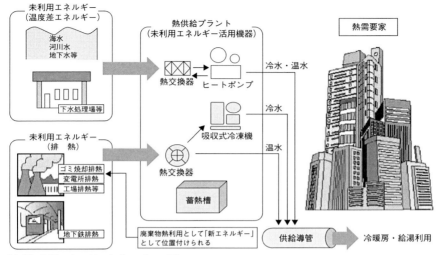

(出所)資源エネルギー庁[2017]179頁。

参考文献

栂野良枝・上田憲治・長谷川泰士・山口徹・澁谷誠司[2015]「都市排熱"下水熱"を利用した高効率ヒートポンプシステム」『三菱重工技報』Vol.52, No.4, 80-86頁。

麻生正[2015]「温度差エネルギーを活用した熱供給地区」『熱供給』Vol.94。

「下水処理場における小型バイナリー発電による排熱利用に関する共同研究」『2013年度 下水道新技術研究所年報』Z16-B74, 81-86頁。

岩下栄「下水処理場における小型バイナリー発電による排熱利用に関する共同研究」『下水道機構情報』Vol.9, No.20, 14-17頁。

資源エネルギー庁[2017]「エネルギー白書2017」179頁。

第13章

水道事業の広域化戦略

1 これまでの水道広域化

1.1 水道の広域化方策と水道の経営特に経営方式に関する答申

　水道の広域化に関する議論は，昭和41（1966）年の公害審議会答申「水道の広域化方策と水道の経営特に経営方式に関する答申」にまで遡ることができる。当時の日本は高度経済成長期の中にあり，水道の普及率も10年間で約2倍の約70％に達するなど，水道が急速に普及した時期であった。

　当時の水道を取り巻く背景は，この答申の中の次の4点に整理されている。

- 大都市およびその近郊における水道の需要水量の増大
- 水道の建設費の増大と水道料金の上昇
- 水道水源の汚濁の進行
- 小規模水道の濫立

　これらの課題はいずれも当時に顕在化してきたものであり，今後一層深刻化するものとして，水道の経営のあり方とその経営方式，さらには水道の広域化方策について検討がなされている。

　その水道の広域化方策に関しては，その方式において，地理的範囲，事業の範囲，経営主体について整理され，推進の方策として，広域化計画の確立，法制上の措置，財政上の措置について整理されている。

　なお，この答申にあたっては，具体的実施の面において，いろいろ難しい問

題を生じることが予想され，具体化にあたっては，地元の関係者を交えて十分研究協議を重ね，慎重に進めていくことが望ましい旨，付記されており，当時から水道の広域化は，必要性が認められつつも，実施は容易ではないことがうかがえる。

1.2　水道の未来像とそのアプローチ方策に関する答申

昭和41年の答申の後，昭和48（1973）年には「水道の未来像とそのアプローチ方策に関する答申」がなされた。当時の水道普及率は80％を超え，水道をナショナルミニマムとしてとらえ，当時の水道をめぐる課題（水需給の逼迫，水質汚濁の進行，水道料金の高騰，水道事業間の料金差の拡大傾向，小規模水道の脆弱性）に対応するため，広域水道圏の設定についてとりまとめられた。

答申では，当面の目標として，事業の経営規模，地形，水系，社会的，経済的一体性等を考慮して定めた「広域水道圏」を設定し，一定の計画に従って，現在の各事業の計画を調整，誘導しながら，順次，水道事業の調査，計画，建設，経営，管理を一体的に行い，最終的には広域水道圏自体が1つの事業体となるよう新しい広域化方策を樹立することを提言している。

また，その実現化方策として，広域水道圏に関する基本的事項，水道計画の基本的方針等について計画策定の主体と義務を明確にし，広域化の推進を図ることが必要とされた。

1.3　広域的水道整備計画

昭和48年の答申を受け，昭和52（1977）年に水道法が改正され，水道法に広域的水道整備計画が位置付けられた。

ここでの水道の広域的整備とは，市町村の行政区域を越えた広域的見地からの水道の計画的整備を推進し，水道事業等の経営，管理の適正・合理化を図るため，水道施設の整備，経営主体の統合を行うことである。水道を広域的に整備することにより，財政的技術的基盤の強化，水資源の確保とその有効利用，維持管理水準の向上，合理的な経営体制の確立を図り，水道水の安定供給の確保，安全性の向上，料金高騰の抑制に資することがねらいであった。

広域的水道整備計画では以下の事項について定めるものとされている。

- 水道の広域的な整備に関する基本方針
- 広域的水道整備計画の区域に関する事項
- 上述の区域に係る根幹的水道施設の配置　など

　また，広域的水道整備計画を定める際には，当該地域における水系，地形，その他の自然的条件および人口，土地利用その他の社会的条件，水需要の長期的見通しや当該地域の水道の整備の状況を勘案しなければならないとされている。

　広域的水道整備計画の特徴は，地方公共団体が都道府県知事に要請し，都道府県知事がその必要性を認めた場合に定められる点が挙げられる。

　広域的水道整備計画の策定と同時に，都道府県には水道整備基本構想の策定も求められた。水道整備基本構想は，水道に係る諸条件の概要，水道の現況，圏域の区分，水道水の需給の見通し，水道整備の基本方針，水道整備推進方策およびその年次計画等について明らかにすること等に留意し，管下全域の水道の整備に関する基本的な構想として策定されるものである。

　なお，水道整備基本構想は，その後，新水道ビジョンを踏まえた都道府県水道ビジョン（管下全域の水道の整備と再構築に関する基本的なビジョン）として，平成26（2014）年に置き換えられることになる。

1.4　水道に関して当面講ずるべき施策について（中間とりまとめ）

　昭和52年に広域的水道整備計画が水道法に位置付けられて以来，水道の整備充実が計画的に推進されてきた。また，わが国の水道は明治20（1877）年に布設されて以来，水質の安全性，給水の安定性において，世界でも高い水準の水道を実現させた。

　これまでの広域的水道整備計画が位置付けられた時代の水道の課題は，水道水の需給の逼迫，水道水源の汚濁，水道の建設費の増大と水道料金の上昇などが挙げられていたが，21世紀を迎える頃から，その内容は変化してきた。

　平成12（2000）年7月に，生活環境審議会水道部会においてとりまとめられた「水道に関して当面講ずるべき施策について（中間とりまとめ）」では，水道に関する課題として，水道のより高い水準での供給，水道水源の汚染，水資源の安定性の低下，水道水質管理体制の強化，未規制水道の管理の徹底，水道

水の安定供給に係る施設の耐震化等による施設水準の向上，水道施設の計画的な更新などが挙げられている。

この中間とりまとめでは，水道の課題に的確に対応するためには，「水道事業の経営基盤の強化を通じた管理体制の充実」，「水道法上の未規制水道における管理体制の強化」等について制度的な検討を求めている。

特に，「水道事業の経営基盤の強化を通じた管理体制の充実」については，水道事業の運営形態として，事業の広域化，管理の一体化等により技術基盤や財政基盤を共有する手法，第三者の技術力，財政力を活用する手法を挙げ，単独で安定した基盤を持たない水道事業者にあっては，自らの責任で適切な手法を選択し，基盤の強化を図る必要があるとした。

このように，水道の広域化は，水道が盛んに普及した時期では，水道水の需給の逼迫，水源開発を中心とする建設費増大などへの対応策とされていたが，水道がほぼ全国に普及し，維持・管理が中心となる時期においては，第三者の活用も含めた，水道の基盤強化の対応策として位置づけられるようになった。

1.5　第三者委託制度の創設

「水道に関して当面講ずるべき施策について（中間とりまとめ）」をもとに平成12（2000）年12月，生活環境審議会より水道法の一部改正について答申がなされ，平成13年（2001）に水道法が一部改正された。

この水道法の改正では，専用水道の定義の変更に加え，水道の管理に関する技術上の業務の全部または一部を，水道事業者等が第三者に業務委託できる制度を創設したほか，事業の軽微な変更および他の水道事業等の全部を譲り受けることに伴う変更について，認可ではなく届出によることとし，管理体制強化のための水道事業者等の選択肢が充実することとなった。

2　水道ビジョン

2.1　策定の背景と目的

平成13年の水道法改正以後，わが国に近代水道が布設されてから約120年が経過し，水質，水量，事業経営の安定性などの面において，世界でも最も高い

水準の水道が実現している国の1つとなった。

一方，20世紀に整備された水道施設の多くが老朽化しつつあり，その更新が課題となり，21世紀は，今後幾度となく繰り返される水道施設の大規模更新・再構築を初めて経験する世紀となる。さらに，当時の状況として，これまでの右肩上がりの人口の趨勢は終焉を迎え，まもなく人口減少時代に突入しようとしていることに加え，官と民，国と地方の役割分担の見直し，グローバリゼーション，市町村合併等の地方自治の枠組みをめぐる動き，水道事業者等における若年技術者の減少など，わが国の水道を取り巻く環境の大きな変化が認識されるようになった。

このような水道にかかわる課題の広がりを受け，厚生労働省では平成16（2004）年に水道ビジョンを作成，公表した。

水道のさまざまな課題に対し，水道事業者がとるべき対応策は水道法の規定の範囲にとどまらず，多岐にわたる。このため，水道法の範疇にとどまらず，幅広い施策をビジョンとしてとりまとめ，関係者を政策誘導することとした。

水道ビジョンの目的は21世紀の初頭において，関係者が共通の目標をもって，互いに役割を分担しながら連携して取り組むことができるよう，その道程を示すことである。

またその特徴は，水道の現状と将来の見通しを可能な限り定量的に分析，評価し，その結果をもとに今後の水道のあるべき姿について議論し，その結果をもとに，水道にかかわるすべての人々の間で，水道の将来像についての共通認識を目指した点にある。

2.2　長期的な政策目標

水道ビジョンでは，水道の広域化に関する課題について，次のとおり整理されている。

- 昭和52年の水道法改正により盛り込まれた広域的水道整備計画に基づき，主に水道用水供給事業による一体的な施設による広域化が進められ，運営基盤が強化されながら，安定した水源の確保や水の広域的な融通に大きな役割を果たしてきた一方，水需給バランスの安定化が図られるなか，従来の広域化は，広域水道の数でみると，昭和60年代以降は大きな進展はみせ

ていない。
- 広域圏域にありながら，規模が小さく，財政的にも技術的にも十分な能力を有していない水道事業が多く残されているなど，従来の広域化の限界が見えてきている。

水道ビジョンでは長期的な政策目標に「安心」，「安定」，「持続」，「環境」，「国際」を掲げ，そのうちの「持続」においては，「地域特性にあった運営基盤の強化」，「水道文化・技術の継承と発展」，「需要者ニーズを踏まえた給水サービスの充実」についてまとめられている。

水道の広域化に関しては，上記の水道の広域化の課題等を踏まえ，「地域特性にあった運営基盤の強化」として，地域の実情を勘案し，市町村域，広域圏域を越えた経営・管理等の広域化を進めるとともに，コスト縮減を行いつつ，官民がそれぞれ有する長所，ノウハウを活用し，施設効率，経済効率のよい水道への再構築を図り，持続可能な水道システムを支える基盤を強化することとされている。

2.3　施策目標を達成する総合的施策

水道ビジョンでは，この政策目標の達成のため，「水道の運営基盤の強化」，「安心・快適な給水の確保」，「災害対策等の充実」，「環境・エネルギー対策の強化」，「国際協力等を通じた水道分野の国際貢献」という施策群からなる，課題解決型の総合的施策を推進することとされた。

このうちで，水道の広域化に関する施策としては，「水道の運営基盤の強化」において，「新たな概念の広域化の推進」，「新たな社会情勢に対応した最適な事業形態の選択」としてまとめられている。

「新たな概念の広域化の推進」については，従来の広域化・統合政策を改め，たとえば，施設は分散型であっても経営や運転管理を一体化し，経営や運転管理レベルの向上に資するような，集中と分散を組み合わせた水道システムの構築が考えられるとされている。

また，そのため，地域の自然的社会的条件に応じて，施設の維持管理の相互委託や共同委託することによる管理面の広域化，原水水質の共同監視，相互応援体制の整備や資材の共同備蓄等防災面からの広域化等，多様な形態の広域化

を進めることとされた。

　他方,「新たな社会情勢に対応した最適な事業形態の選択」については，水道の運営形態には，水道事業者相互や民間業者との間でさまざまな形態による連携が可能となっているが，その形態にはそれぞれ特性があり，各々の水道事業が抱える課題に対応するために最適な運営形態をいかに選択していくべきか，需要者へのサービスという視点から幅広い検討を行うとされた。

　その際，水道の運営管理は，本来，運営に責任を有する水道事業者が自ら行うべき業務であるとの認識に立ち，水道事業者間の統合や水道用水供給事業者との統合等市町村を越えた広域化，さらには，都道府県，市町村，民間部門のそれぞれが有する長所，ノウハウを有効に活用した連携方策を推進し，その相乗効果により，事業の効果，効率性，需要者の満足度を高めていくものとするとされている。

2.4　施策群ごとの方策および施策目標

　水道ビジョンでは，その施策目標を達成するための施策群について，その方策および施策目標がまとめられている。「水道の運営基盤の強化」という施策群に関しては，ハード面中心の広域化のほか，ソフト統合等を含めた新たな概念の広域化の推進，水道法適用外の水道と水道事業者等との管理面での積極的な連携等により，水道全般の運営基盤の強化を進めるとともに，集中と分散の最適配置による高効率・低コスト・低環境負荷型水道への再構築，関係者の長所・専門的知見等を活用した多様な連携により，事業運営形態の最適化を実現するとしている。

　また，達成すべき代表的な施策目標として，

- 新広域化人口率（ソフト統合等の新たな概念による広域化を含めた広域化人口の割合）を100％とする。
- 給水カバー率（給水人口および水道事業者が給水区域内外の法適用外の小規模水道などの技術的管理をソフト統合によりカバーしている人口の割合）を100％とする。
- 第三者委託の導入が合理的な事業者すべてにおいて，第三者委託を実施する。

- 水道の管理に関する技術的基盤を確保していくため，水道事業に携わる技術者について，現状と同等以上の水準を確保する。

ことなどが掲げられた。

また，そのためのアクションプログラムとして，「新たな水道広域化計画の推進」や「多様な連携の活用による運営形態の最適化」などが掲げられた。

「新たな水道広域化計画の推進」については，財政基盤や技術基盤の共有化という観点から，地域の実情に応じた事業統合や管理の共同化など多様な形態の広域化を進めるため，これまでのハード中心の広域的水道整備計画を見直し，多様な形態の広域化を含む，新たな水道広域化計画を導入し，国，都道府県，水道事業者の適切な役割分担の下に，水道事業の運営基盤強化を図り国民全体の給水サービス水準の向上を図ることとされた。

「多様な連携の活用による運営形態の最適化」については，水道法の第三者委託制度を活用し，情報公開の推進や公的な第三者機関等による公正な業務評価をも実施しつつ，関係各主体の有する長所や専門的知見等の特徴を活かし，大規模水道事業者等が中心となった運営管理の共同化や複数の水道事業者が共同しての第三者委託などの多様な連携により，地域実情に応じた，水道事業運営形態の最適化を推進することとされた。

2.5　フォローアップ

平成16（2004）年に公表された水道ビジョンは平成20年にフォローアップが行われた。

水道ビジョンに掲げられた施策目標に向けた進捗状況ついて検討が行われ，予定どおりに実施が進み早期の達成が可能な施策もあれば，進捗が遅れている施策も見受けられることが明らかにされた。

フォローアップにおいては，水道ビジョンは策定後，まだ3年が経過したばかりであり，各水道事業者等における取り組みも途上にあるものが多いことから，現段階で直ちに数値目標の見直しを行うことは適当ではなく，基本的な施策の方向として維持しつつ，引き続き目標達成に向け，最大限の努力をすることが重要であるとの考えに立って，進捗が遅れている施策については，あらためて方策を考えながら，早期達成を目指す重要性が指摘された。

その検討結果はレビューに基づく水道施策の重点取り組み項目として示され，水道の広域化については，水道の運営基盤強化において，次のような項目がとりまとめられている。

- 運営基盤の強化を目的として，いわゆる垂直統合，水平統合に経営の一体化や管理の一体化などを加えた水道広域化を推進するため，広域的な視点で検討された都道府県版地域水道ビジョンの策定を推奨するなど推進の枠組み面からの具体的な検討（新広域化人口の定義見直しを含む。）を行う。
- 今後，水道施設の改築・需要更新のピークや技術者の大量退職を迎えるなか，安心・安定的な水道水の供給を確保し，現在と同等の技術やサービスの水準を確保すべく，水道事業者自らによる水道技術の継承または官官，官民連携等による技術者の育成・確保に資する方策について検討を行う。

3　新水道ビジョン

3.1　策定の背景

　水道ビジョンが平成16年に策定され，また同20（2008）年に改訂され，水道の広域化等についても，一定の方向性をもって施策が講じられてきた。
　他方で人口減少社会の到来や平成23（2011）年の東日本大震災の経験など，水道を取り巻く状況に大きな変化が生じてきていることを受け，取り組み内容の見直しの必要性が生じてきた。このような背景を踏まえ，これまで水道関係者が経験したことのない時代に求められる課題に挑戦するため，水道ビジョンを抜本的に見直した「新水道ビジョン」を平成25（2013）年に公表し，「新水道ビジョン」では今後の水道の方向性を示すにあたり，50年，100年先を見据えた水道の理想像を明示し，その理想像を具現化するために，当面の間に取り組むべき事項や方策，関係者の役割分担を具体的に示している。

3.2　水道の理想像と当面の目標

　新水道ビジョンでは，望ましい水道の実現には，水道水の安全の確保，確実

な給水の確保,供給体制の持続の確保が必要とし,それぞれを「安全」「強靱」「持続」と表現しこれら3つの観点から水道の理想像を具体的に示し,関係者間で共有することとされた。

ここで特に「持続」の観点からみた理想像は,「給水人口や給水量が減少した状況においても,料金収入による健全かつ安定的な事業運営がなされ,水道に関する技術,知識を有する人材により,いつでも安全な水道水を安定的に供給でき,地域に信頼され続ける近隣の水道事業者において,連携して水道施設の共同管理や統廃合を行い,広域化や官民連携等による最適な事業形態の水道が実現すること」とされている。

さらに「安全」「強靱」「持続」の具現化にあたり,取り組みの方向性と当面の目標点も示されており,「持続」に係る当面の目標点には,「自らの将来における事業経営の見通しや課題を明らかにした上で,必要に応じて他の水道事業者,民間事業者等と連携した課題解決のための取組も実施されている」ことなどが挙げられている。

3.3 重点的な実現方策

新水道ビジョンでは,水道の理想像の具現化にあたっての重点的な実現方策を,「関係者の内部方策」,「関係者間の連携方策」,「新たな発想で取り組むべき方策」に分けて整理されており,水道の広域化に関しては,この「関係者間の連携方策」の中で,発展的広域化として示されている。

発展的広域化とは第1段階から第3段階まで分けられている。

第1段階とは,近隣水道事業者との広域化の検討を開始することで,これまでの広域化のイメージを発展的に広げ,まずは広域化検討のスタートラインに立つこと,水道用水供給事業や近隣水道事業との広域化検討を行う場を持つ取り組みを行うこと,将来的な水道施設のあり方をイメージし,近隣事業者等とのソフトな連携の検討を行うこと,事業情報の共有化,事業運営方式の共通化,共同化を行うことを求めている。

第2段階は,次の展開として広域化の取り組みを推進することで,将来の広域化を念頭に,他の行政部門との枠組みや連携できる範囲の検討を行うこと,広域的に事務を取り扱う他の行政部門との連携により,水道の多様な業務連携を行うこと,現状では広域化の必要性が希薄であっても,事業の将来像を確実

に見据えた連携を求めている。

　第3段階は，広域化の検討の枠組みにおいて，事業の持続性が確保できるよう，多面的な配慮を求め，これまでの広域化の形態にとらわれない多様な連携方策，人材・施設・経営の各分野において，既存の枠組みにとらわれない発展的な連携を求めている。

　また「新たな発想で取り組むべき方策」の中でも，「料金制度の最適化」の「料金格差の是正」において，近隣水道事業者との発展的広域化を推進し，料金負担の均衡化で地域間の格差是正を求め，また小規模水道（簡易水道事業・飲料水供給施設）対策のうち，簡易水道対策において，関係者とのさまざまな連携等による維持管理体制の強化，広域監視制御の導入や水道事業の収益力をカバーするための広域的な事業統合，相互支援体制の構築を求めている。

3.4　水道事業ビジョンおよび都道府県水道ビジョン

　厚生労働省では，水道ビジョンを平成16（2004）年に策定するとともに，水道事業者等に対し，自らもビジョンを策定し，その施策の推進に取り組むよう，「地域水道ビジョン」の作成を推奨してきた。水道ビジョンを改め，新水道ビジョンを策定した後は，地域水道ビジョンを水道事業ビジョンとし，また都道府県に対しても都道府県水道ビジョンの作成を推奨し，それぞれの施策を推進するよう求めているところである。

　平成29（2017）年末現在，約7割の水道事業者等が水道事業ビジョンを作成し，約3割の都道府県で都道府県水道ビジョンが作成され，地域ごとに水道の課題解決に向けた取り組みが進められている。

4　国民生活を支える水道事業の基盤強化等に向けて講ずべき施策について

4.1　水道事業の課題と講ずべき施策の方向性

　平成28（2016）年11月に厚生科学審議会生活環境水道部会の下に設置された「水道事業の維持・向上に関する専門委員会」において，報告書「国民生活を支える水道事業の基盤強化等に向けて講ずべき施策について」がとりまとめら

れた．

　同報告書では，「水道事業をめぐる現状と課題」として，人口減少に伴う水需要の減少，水道施設の老朽化，職員数の減少，必要な水道料金原価の見積もり不足のおそれ等が挙げられている．

　また，「今後の水道行政において講ずべき施策の基本的な方向性」として，水道事業の持続性を確保するため，国および地方公共団体はそれぞれの立場から水道事業の基盤強化（適切な管理による健全な施設の保持，財政基盤の確保，および経営ノウハウや技術力等を有する人材の育成・確保等）を図ることが不可欠であるとされた．

　さらに，単独で事業の基盤強化を図ることが困難な中小規模の水道事業者および水道用水供給事業者においては，地域の実情を踏まえつつ，職員確保や経営面でのスケールメリットの創出につながり，災害対応能力の確保にも有効な広域連携を図ることが必要とされた．

　また，民間企業の技術，経営ノウハウおよび人材の活用を図る官民連携も，水道施設等の維持・管理，運営等の向上を図り，水道事業の基盤を強化していくうえで有効な方策の1つであるとされた．

4.2　課題に対する具体的な対応（案）

　報告書では課題に対する具体的な対応として，「適切な資産管理の推進」，「持続可能なサービスに見合う水道料金の設定」，「広域連携の推進」，「官民連携の推進」，「指定給水装置工事事業者制度の改善」が挙げられている．

　このうち，「広域連携の推進」については，広域連携として，事業統合，経営の一体化，管理の一体化や施設の共同化のほか，事務代行や技術支援などさまざまな形態が考えられるとされた．

　また，都道府県は，広域連携の推進役を担うべきであるとされ，このため，都道府県が主体となり，水道事業者および水道用水供給事業者を構成員として，事業運営を適切かつ効率的に実施するための広域連携を推進する協議の場を設けることができることを法律上明確にすべきであり，また，この協議の場には，学識経験者や地域住民も，必要に応じて参画できるようにすることが適当であるとされた．

　さらに都道府県の積極的な関与による広域連携の推進のため，水道法の体系

に以下の枠組みを追加すべきであるともされた。

- 厚生労働大臣は，水道事業の基盤強化を図るための基本方針を定め，これを公表するものとすること。
- 都道府県は，基本方針に基づき，関係市町村の同意を得て，水道事業基盤強化計画を策定できるものとし，同計画を策定した場合には公表するよう努めなければならないものとすること。
- 広域連携を行おうとする水道事業者および水道用水供給事業者は，具体的な広域連携の実施方針等を定めた広域連携実施計画を策定することができるものとし，同計画を策定した場合には公表するよう努めなければならないものとすること。

　ここで，基本方針の内容としては，たとえば，水道事業の基盤強化に関する基本的事項，広域連携の推進に関する基本的事項等を記載することが考えられ，また，水道事業基盤強化計画の内容としては，たとえば，水道事業の基盤強化に関する事項，広域連携の推進に関する事項，広域連携を行う水道事業者および水道用水供給事業者を記載することが考えられるとされている。

　「官民連携の推進」においては，「水道事業及び水道用水供給事業における官民連携には，個別の業務を委託する形のほか，複数の業務を一括して委託する包括業務委託や，技術上の業務を委ねる場合に水道法上の責任が受託者に移行する第三者委託，DB，PFIの活用など様々な連携形態がある。国は，各水道事業者が，こうした多様な選択肢の中から，各々の事業のあり方を踏まえた上で，適切なものを選択できるよう，その検討等に当たって必要となる情報や留意点を，先進的なモデル事例や官民連携推進協議会での議論等を踏まえながら，詳細に提供していくべきである」とされた。

　また特に，「官民連携のうち，コンセッション方式については，具体的に導入を検討している地方公共団体もあることから，水道事業及び水道用水供給事業において現実的な選択肢となり得るよう，災害等の不測の事態も想定した官民の権利・義務関係の明確化，適切なモニタリング体制や水質の安全性の確保を含め，事業の安定性，安全性，持続性を確保する観点から，水道法の趣旨・性格，関係法令間の法的整合性に十分留意するとともに，海外の先行事例の教

訓も踏まえながら，法制的に必要な対応を行うべきである」とされた。

5 制度改正に向けた取り組み

5.1 水道法改正法案の趣旨および概要

　前節で述べた，報告書「国民生活を支える水道事業の基盤強化等に向けて講ずべき施策について」を受け，平成29（2017）年3月，政府は水道法の一部を改正する法案を閣議決定し，第193回国会に提出した。改正法案の趣旨および内容は，以下のとおりである。なお，本法案は同年の衆議院の解散により廃案となった。

　改正の趣旨は，水道施設の老朽化の急速な進行や耐震化の遅れ，深刻化する人材不足，経営状況の悪化等の水道の直面する課題に対応し，水道の基盤の強化を図るため，所要の措置を講じることである。

　改正の概要は，「水道事業の基盤強化」，「広域連携の推進」，「適切な資産管理の推進」，「官民連携の推進」，「指定給水装置工事事業者制度の改善」に分けられる。

　このうち，「水道事業の基盤強化」および「広域連携の推進」については，将来にわたり，安全な水の安定供給を確保するための，また，安定した事業基盤の確保への対応として，以下の改正を行うこととされた。

- 法律の目的における「水道の計画的な整備」を「水道の基盤の強化」に変更。
- 国，都道府県，市町村，水道事業者に対し，「水道の基盤の強化」に関する責務を規定し，特に，都道府県には水道事業者等の広域的な連携の推進役としての責務を規定。
- 国は，水道の基盤を強化するため，基本方針を定める。
- 都道府県は，水道の基盤を強化するため，必要があると認めるときは，関係市町村および水道事業者等の同意を得て，水道基盤強化計画を定めることができる。
- 都道府県は水道事業者等の間の広域的な連携の推進に関して協議を行うた

め，水道事業者等を構成員として広域的連携等推進協議会を設置することができる。

「官民連携の推進」については，新たな経営形態への対応として，地方公共団体が水道事業者等としての位置付けを維持しつつ，厚生労働大臣の許可を受けて，水道施設に関する公共施設等運営権を民間事業者に設定できる仕組み（コンセッション事業）を導入することとした。

具体的には，地方公共団体はPFI法に基づく議会承認等の手続きを経るとともに，水道法に基づき，厚生労働大臣の許可を受けることにより，民間事業者に施設の運営権を設定できるものである。

5.2　水道法に位置付けるコンセッション事業

コンセッション事業の許可については地方公共団体である水道事業者は，民間事業者に水道施設運営権を設定しようとする場合に必要となり，許可の申請にあたり，水道事業者は実施計画書を厚生労働大臣等に提出することになる。

実施計画書の記載事項には，コンセッション事業者が実施することになる事業の適正を期するために講ずる措置（モニタリング）や災害その他非常の場合における水道事業の継続のための措置，事業の継続が困難となった場合における措置なども記載されることになる。

他方，実施計画書の提出を受けた厚生労働大臣等は，許可基準に基づき，当該コンセッション事業について，その計画の確実性，合理性，利用料金の公正妥当性，水道の基盤強化の見込み等を審査し，許可基準に適合していると認められるときのみ許可を与えることとなる。

コンセッション事業者の業務範囲については，具体的には個々の実施契約によって個別具体的に定められることとなる。ただし，地方公共団体が水道事業者としての位置づけを維持することから，経営方針の決定，議会への対応，認可の申請・届出，供給規定の策定，給水契約の締結などはコンセッション事業者の業務範囲には含めることができない。したがって，コンセッション事業者の業務範囲は，これら以外の，水道施設の整備，水道施設の管理，営業・サービス，危機管理に係る事項となる。

コンセッション事業者がその事業を行う場合，水道法およびPFI法に基づき，

次の監督，モニタリングを受けることとなる。

　水道法に基づく措置については，認可・許可権者である厚生労働大臣等が地方公共団体（水道事業者かつ施設管理者）およびコンセッション事業者に対して，報告徴収，立入検査等を行うとともに，コンセッション事業者が水道法令の規定に違反した場合は，必要に応じて運営権を設定した水道事業者に対して運営権の取消を求めることができる。

　また，PFI法に基づく措置としては，地方公共団体（施設管理者）が，運営権者に対しモニタリングを行うとともに，関係法令の規定に違反した場合には，必要に応じ，運営権の取消を行うことができる。

　これら措置により，コンセッション事業者は，認可・許可権者である厚生労働大臣，水道事業者かつ施設管理者である地方公共団体の双方から，事業運営が適切に実施されているかどうかについて，監督，モニタリングされることになる。

6　その他の取り組み

6.1　手引き等の作成・周知

　水道の広域連携の推進について，厚生労働省では手引きや検討事例集をとりまとめ，水道事業者の取り組みを支援しており，主なものは次のとおりである。

- 水道広域化検討の手引き（平成20（2008）年8月）
- 水道事業統合及び施設の統廃合・再構築の事例集（平成22（2010）年3月）
- 水道事業における広域化事例及び広域化に向けた検討事例集（平成26（2014）年3月）
- 簡易支援ツールを使用した水道事業の広域化検討の算定マニュアル（平成26年4月）

　さらに官民連携についても，次のガイドラインをとりまとめることで水道事業者等を支援している。

- 水道事業における官民連携に関する手引き（平成26年3月）
- 水道事業におけるPPP/PFI手法導入優先的検討規程の策定ガイドライン（平成29（2017）年3月）

なお，これら手引き等は厚生労働省のホームページに掲載・公表している。

6.2 協議会・懇談会等の開催

厚生労働省では新水道ビジョンを作成し，水道の理想像の具現化のために，水道事業者等関係者に対し，必要な取り組みを推進するよう促している。

全国各地の水道事業者等による，新水道ビジョンの推進に係る取り組みについて，その内容を都道府県および水道事業者らが共有するとともに，地域内の連携を図り，取り組みの積極的な推進を目的として厚生労働省主催で，水道事業者等および都道府県を対象に，新水道ビジョン推進に係る地域懇談会を開催している。本懇談会は，平成25年度から年間2～5回開催し，全国で地域を変えつつ，水道事業の広域連携や官民連携を含む，取り組みの優良事例や先進事例の紹介，参加者によるテーマ別のグループディスカッションによって，情報共有を図っている。

官民連携に関しても，水道事業者等と民間事業者とのマッチング促進を目的とし，水道事業者等および民間事業者を対象に厚生労働省・経済産業省主催，公益社団法人日本水道協会・一般社団法人日本工業用水協会共催により，水道分野における官民連携推進協議会を開催している。

水道分野における官民連携推進協議会は，平成22年度から年間3～5回開催し，新水道ビジョン推進に係る地域懇談会と同様に，地域を変えて，官民連携に係る優良事例や先進事例の紹介，参加者によるテーマ別のグループディスカッションなどによって，参加者間の情報共有，水道事業者と民間事業者とのマッチングを図っている。

6.3 総務省と連携した取り組み

平成28（2016）年2月には総務省が各都道府県総務部長および企業管理者あてに市町等の水道事業の広域連携に関する検討体制の構築について依頼する通知を発出し，厚生労働省もこれに連携し，同年3月に各都道府県水道行政担当

部局長あて水道事業の広域連携の推進について依頼する通知を発出した。

　これにより平成29年には東京都（都がほぼ一元的に水道事業を実施）を除くすべての道府県において，協議会等を含む，水道事業の広域連携に関する検討体制が構築されている。

7 おわりに：今後の水道の基盤の強化に向けて

　水道の広域化は，かつての水道水源の逼迫等への対応策から，現在は，施設や経営の一体化以外の幅広い水道事業者間の連携の概念を含む広域連携として，水道の基盤の強化の方策へと位置付けが変化してきた。そして，特にそのあり方は，一貫して，地域の実情を踏まえた最適な方策を検討するという立場がとられてきている。

　この地域の実情を踏まえた検討のためには都道府県の役割が重要であり，都道府県が先導役となって，広域連携や官民連携を適切に選定し，また，組み合わせ，地域の水道の基盤の強化が図られるよう，総合調整が可能な枠組みが必要と考えている。

　厚生労働省では，このような枠組みを水道法に位置付け，関係府省と連携し，都道府県および水道事業者等の取り組みの進捗を確認しつつ，必要な施策を講じることを考えている。また，関係者に対し，取り組みの参考となる手引き等の作成・周知を行い，懇談会や協議会等の場においては，優良事例・先導的事例の情報共有などを積極的に行うことにより，広域連携や官民連携による水道の基盤の強化を一層図ることとしたい。

参考文献
水道法制研究会［2015］『水道法逐条解説（第4版）』日本水道協会。

第14章
上下水道事業の法制度改革動向

1 はじめに：持続的な事業経営に向けた取り組み

　戦後の人口増加と都市化を背景とし普及拡大を続けてきた日本の上下水道事業は，人口減少による収益の減少や施設の老朽化が進みつつあることから，事業の目標を普及拡大から持続的な経営へと転換することが求められている。さらに，上下水道事業の職員数が大幅に削減されるなかで，近年多発する災害対策も必要となっている。これらの課題に対応するためには，これまでの各市町村を単位とした経営形態を根本的に見直し，近隣市町村との広域連携や民間企業との公民連携を積極的に進める必要がある。本章では，これまでの上下水道事業の普及拡大とともに，現在の課題と持続的な事業経営に向けた法制度改革の方向性について述べる。

2 上水道事業

2.1 水道法と上水道事業の普及

2.1.1 近代水道の創設と水道条例

　日本の水道事業は，明治維新前後の開港により外国人との接触が高まり，水系感染症に対して無防備であった日本人の間にコレラや赤痢などの水系感染症が流行したことをきっかけとして，横浜，函館，長崎などの港湾都市に創設されたのがはじまりである。これらの水道事業は，当初，公営や民営などさまざまな経営形態があったが，明治23（1890）年の水道条例により，地方公共団体

(市町村)による経営を原則として普及・発展してきた。第2次世界大戦以前の水道は,主に大都市部や軍港・商業港を持つ都市を中心に普及したため全国に普及するには至らず,地方の中小都市や農村部では,井戸や沢水を水源とした給水が続いていた。

2.1.2 水道法の制定と水道の普及拡大

戦後は,戦災による被害を復旧することからはじまり,都市部の人口が急増するにつれて水道の拡張の必要性が高まっていった。このようななかで,昭和32 (1957) 年の水道法の制定とそれに関連した法制度の整備は,水道の普及拡大を強く後押しした。法制度の整備は,水道技術の水準を高めるとともに普及を促し,水道布設のための財源確保を可能とすることで,国,地方自治体,民間企業がそれぞれの役割を果たすことで,大都市のみならず地方都市においても水道の普及を可能とした。これにより,昭和32年には水道普及率41%,普及人口3,700万人であったが,平成26年度末には水道普及率97.8%,給水人口1億2,400万人余りに達した。

この間に,増大する水需要に対応するため新たな水資源を開発し,安全な水を供給するため,浄水施設の整備や,水道水質基準の設定・更新を行い,民間の水質検査機関とも連携しながら,水道水質検査制度を整備・運用してきた。水道の普及により,水系感染症を根絶しただけでなく,全国どこでも,いつでも安心して水道水を飲める国としての地位を確立した。今日では,水洗トイレや洗濯機,入浴など,水道は現代の日本人の生活を基礎から支える重要な社会インフラの1つとなっている。

水道事業における施設投資は,**図表14-1**のように昭和32年の水道法制定をきっかけとして急激に増加し,昭和50年代の前半に1つのピークを迎え,水道普及率は約90%に達した。その後,平成に入ってから国の公共事業投資の増加を反映して再び水道投資額が増加し,平成10 (1998) 年前後には年間の投資額が1兆8,000億円に達した。平成20 (2008) 年以降は,水道投資額は1兆円を下回る程度に減少したが,これらの投資により水道普及率は平成28 (2016) 年には97.8%となった。この間,平成10年頃までの水道施設投資は,施設の建設により普及率が上昇し,給水収益の増加に結びつく投資であったが,平成20年以降は普及率がほぼ頭打ちになっており,投資額に対する普及率の増加が低く

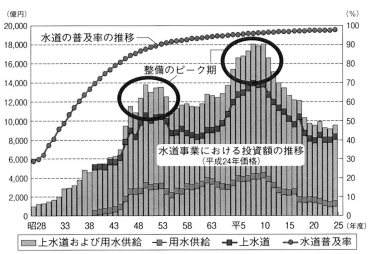

図表14－1　水道事業における投資額の推移

（出所）厚生労働省資料。

なっている。これは，老朽化した施設の更新や耐震化などの施設投資が含まれていることも一因である。今後は，昭和50年代までに布設した水道施設の更新期を迎えることとなり，水道の更新投資の必要性が急激に増大することが予測されている。そのため，水道施設更新に必要な投資額を確保することが大きな課題である。

2.2　上水道事業の課題

2.2.1　人口減少と給水収益の減少

　日本の人口は平成22（2010）年の1億2,806万人をピークに8年連続で減少しており，平成29（2017）年1月1日現在の人口は1億2,558万人で前年からは約30万人の減少となっている。人口減少の傾向は，今後も続くとみられ，国立社会保障・人口問題研究所による平成29年現在の推計によれば，平成52（2040）年の1億1,092万人を経て，平成65（2053）年には1億人を割って9,924万人となり，平成77（2065）年には8,808万人になるものと推計されている。

　このように将来の人口減少が予測されるとともに，1人当たりの水使用量も減少傾向にある。図表14－2は，近年の1人1日水使用量と全国の1日水消費

図表14-2 人口減少による有収水量の減少

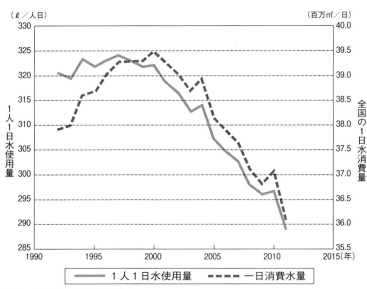

(出所) 日本の水資源をもとに筆者作成。

量を表している。1人1日水使用量は，全国の水消費量よりも5年ほど早く1998年には減少に転じており，その後，2010年頃までの水消費量の減少は，1人当たりの水使用量の減少と連動する傾向がみられた。

2.2.2 地震災害と水道施設の耐震化

　平成7 (1995) 年1月17日に発生した阪神・淡路大震災では，約130万戸が断水し，最大断水日数は90日に及んだ。平成16 (2004) 年10月23日の新潟県中越地震では，13万戸が断水し，最大断水期間は約1カ月に及んだ。また，平成23 (2011) 年3月11日に発生した東日本大震災では，約258万戸が断水し，断水期間は約5カ月に及んだ。平成28 (2016) 年4月14日の前震と，4月16日の本震からなる熊本地震では，熊本県を中心に九州6県で44万5,000戸が断水被害を経験した。このように，日本は5年～9年ごとに大規模な地震被害に見舞われており，今後のさらなる地震被害を想定し，水道施設の耐震化が重要となっている。しかし，水道施設の耐震化率は，平成26年度で，基幹管路が36％，浄水施設が23.4％，配水池が49.7％にとどまっている。年ごとの耐震化率の上昇

は，1.2%（基幹管路）〜2.6％（配水地）であることから，今後は，さらに加速させる必要がある。

2.2.3 水道施設の老朽化

図表14－3は全国の水道管路の更新率と老朽化率を表している。2000年を過ぎてから，管路の更新率は年々低下し，平成26（2014）年には0.76%となった。そのため，老朽化率は年々上昇し，平成26年には12.1%となっている。このように水道管路の更新は，施設の老朽化の進行速度を下回っており，単純に計算すると，すべての管路を更新するためには約130年かかることになる。しかし，水道管路は，法定耐用年数が40年であり，実際の耐用年数は配水管が埋設された環境により，20年（腐食性が高い土壌）から80年（良好な土壌）とされている。いずれの場合でも，現在の更新率では水道管路の老朽化を抑えることができず，今後，老朽化はさらに進行するものと考えられる。

2.2.4 職員の減少と技術の継承

水道事業体の職員は，平成7（1985）年以降に約30%減少しており，これは

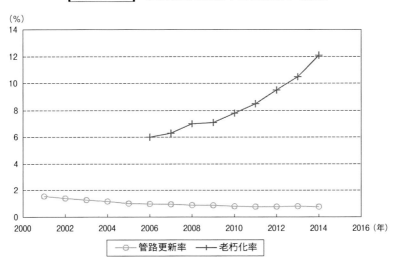

図表14－3 水道管路の更新率と老朽化率の推移

（出所）日本水道協会，水道統計。

同じ期間に地方公務員全体が約15%減少したのに比べて2倍の減少率である。全国の水道事業体のうち給水人口100万人以上の大規模水道事業体では，平均で約1,000人の職員を確保しているものの，給水人口1万～2万人の小規模事業体では，平均職員数5人であり，最小は1人となっている。このように，水道事業体の規模により，職員数が大きく異なっていることから，職員数が少ない中小規模の水道事業体では，1人当たりの管路の新設・更新延長が長く，職員の業務負担が大きい。さらに，中小規模の水道事業体では技術系職員の確保が難しく，事務系の職員が技術に関する業務も担当している場合がある。今後，水道事業で管路の老朽化が進めば，職員1人当たりの更新延長はさらに長くなるものと予測される。老朽化した施設の更新を着実に進めるためには，職員を確保する必要があるが，地方自治体の職員数減少の傾向をみると，水道事業体の職員数を確保するのは難しい。このため退職した職員の再雇用などで対応している事業体が多い。

このような職員数の減少に対応するためには，業務効率化のための技術開発とともに，事業体（自治体）の枠を超えた広域的な連携や，公民連携の積極的な取り組みが必要である。

2.3 水道ビジョンと新水道ビジョン

水道ビジョンは平成16（2004）年6月に策定され，基本理念を「世界のトップランナーとしてチャレンジし続ける水道」とし，水道のあるべき将来像について，関係者が共通の目標を掲げ，その実現に向けて取り組むための具体的な施策や工程を示した。しかし，その後，東日本大震災の発生や，人口減少社会が到来したことにより，普及促進より高い水準の水道を目指した水道ビジョンの内容について，時代の変化に対応して再検討する必要性に迫られた。

具体的には，水道事業が抱える多くの課題に対応するため，各水道事業体はもとより，水道行政や水道事業に関係する団体や事業者がそれぞれの役割を見直し，相互に協力する体制を築く必要に迫られているという認識があった。なかでも，水道事業が地域の住民に密接なサービスであることをから，地域の住民の信頼を得ることが不可欠である。このような背景のもとで，平成25（2013）年3月に公表された「新水道ビジョン」は，水道事業が地域に根差したものであり，市民からの信頼によって支えられているという認識を改めて確認すると

図表14-4　新水道ビジョンの策定（平成25年3月）

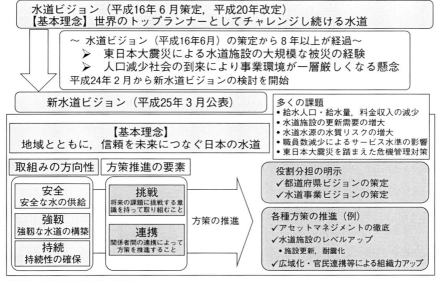

(出所) 厚生労働省資料 [2013]。

ともに，「地域とともに，信頼を未来につなぐ日本の水道」という新しい水道の基本理念を示した（**図表14-4**）。

　新水道ビジョンでは，国民の生活を支える基盤施設である水道のあるべき姿（理想像）のもとで，「持続」，「安全」，「強靱」という3つの観点を示した。そこでは，水道事業は，「時代や環境の変化に対して的確に対応しつつ，水質基準に適合した水が，必要な量，いつでも，どこでも，誰でも，合理的な対価をもって，持続的に受け取ることが可能な水道」を目指すべきであり，そのためには，水道サービスの持続性を高め，地震災害などの大規模自然災害にも適応できる強靱な水道を作り，水質基準に適合した水をいつでも給水できる体制を整える必要があるとしている。また，強靱な水道は，災害発生時の対応のみならず，老朽化した施設の計画的な更新により，平常時の事故率を低減し，施設の耐震化率を向上することが必要である。さらに，各水道事業者が対応を強化するとともに，近隣ならびに広域の水道事業者との連携体制を形成することも重要な対策であるとしている。

水道の持続性の確保については，給水人口の減少により料金収入が減少した状況においても，健全で安定した水道事業経営がなされ，水道に関する技術や知識・経験を有する人材が確保できること，としている。これを実現するため，地域住民の信頼のもとに，近隣の水道事業者と連携して，水道施設の共同管理や統廃合を行い，広域化や公民連携を通じて，最適な水道事業の形態を採用することを提案している。特に問題となるのは，老朽化した水道施設の維持・更新であり，アセットマネジメントにより水道の資産を適切に確保するほか，水需要が減少する状況に適した新しい水道計画論が求められる。また，料金面でも，将来必要となる更新費用を正しく見積もり，水道料金を適切に改定して，水道事業の財政基盤を強化する必要がある。

　水道の安全性の確保については，良好な水源を確保し，水源の管理・保全に取り組むとともに，浄水処理における水質管理を徹底して行うことが重要である。また，管路の更新を進めて，老朽管による水質の劣化を未然に防止することも重要であり，水源から給水栓までを視野に入れた統合的な水質管理を行うことが必要であるとしている。

　また，新水道ビジョンでは，水道にかかわる行政機関，水道事業者および水道用水供給事業者，水道関係団体，民間事業者など，それぞれが果たすべき役割と責務について記述している。国は，水道行政を担って，新水道ビジョンをまとめた立場から，人口減少社会に対応した水道事業の計画策定手法について，事例等を整理し，検討・提示すること。また，水道事業の認可手続きについて，合理的な内容とするなど，制度的な対応を図ることとしていることから，平成28年度から，条件を満たした都道府県に国から認可権限が委譲できる制度が導入されている。

　都道府県については，新水道ビジョンを踏まえた都道府県ビジョンを策定し，また，都道府県内の水道事業者が策定した水道事業ビジョンに沿った事業経営が行えるように，リーダーシップを発揮した助言等が行えることとしている。さらに，都道府県の行政機能を活用して，広域的な事業間調整を行い，また，流域単位の連携を進めることを期待している。しかし，都道府県における水道担当職員数は，最小1名から最大13名と都道府県によって大きな開きがあり，今後は，都道府県の役割を果たすためにも，適正な職員配置が求められる。

　水道事業者は新水道ビジョンで示された水道の理想像を具現化するために，

重点的な実現方策について積極的に取り組み，また，自ら水道事業ビジョンを定め，その内容の実現に向けて積極的に取り組むこととしている．特に，地域の中核となる水道事業者は，その組織力と技術力を生かして，近隣の中小規模水道事業者の連携先となることが期待されている．一方，中小規模の水道事業者は，広域化や公民連携を視野に入れつつ，人材の確保や施設の効率的な配置・運用，経営の効率化のなどを進めて，運営基盤を強化する必要がある．

　新水道ビジョンに示された将来の望ましい水道事業を実現するため，水道事業体が自ら取り組むべき方策として，水道施設の資産管理（アセットマネジメント）によるレベルアップ，人材の育成や組織力の強化，危機対策や環境対策がある．また，事業体間や民間事業者と連携して取り組むべき方策として，住民とのコミュニケーションの促進，発展的広域化，官民連携（公民連携）の推進，技術開発・調査研究の各準，などを挙げている．さらに，新たな発想で取り組むべき方策として，料金制度の最適化，小規模水道対策，などを示した．

　このうち，広域化には，施設更新のための資金の確保や，人材の確保に効果がある．広域化の種類には，用水供給事業を核として，受水団体との統合を行う垂直統合と，近隣の水道事業体が統合する水平統合が知られているが，事業統合に限らず，事務や施設の共通化など，多様な方法を示している．水道事業の広域化について，平成26（2014）年3月に厚生労働省が公表した「水道事業における広域化事例及び広域化に向けた検討事例集」が公表されている．これまでに，全国の水道および用水供給事業で広域化を実施したのは，14団体であり，実施予定の団体は5団体，検討中が4団体である．水道広域化に向けた取り組みは始まっているものの，全国の水道事業体のうち，実施または検討に着手したのはごく一部である．その理由として，厚生労働省の調査によると，料金水準や施設整備の状況，水源のあり方などが挙げられている．一方，広域化の推進には，各自治体の長や，水道事業管理者等のリーダーシップ，県などの調整機能が重要であるとしている．

2.4　水道法改正に向けた取り組みと今後の方向性

2.4.1　水道法改正に向けた取り組み

　平成25（2013）年3月の新水道ビジョンの策定を受けて，同ビジョンに書かれた内容を着実に実施するため，平成27（2015）年には厚生労働省に「水道事

業の基盤強化検討会」が設けられた。同検討会は，平成28（2016）年1月に中間報告を公表し，それを受けて同年3月に「水道維持の維持・向上に関する専門委員会」が設置された。同専門委員会は，9回の審議を経て，平成28年11月に報告書を提出し，厚生労働省水道課では同報告書をもとに水道法改正案を取りまとめた。法改正の趣旨は，「人口減少に伴う需要の減少，水道施設の老朽化，深刻化する人材不足等の直面する課題に対応し，水道の基盤の強化を図るため」とし，これは，改正法第1条の水道法の目的において，「水道の基盤を強化する」と明記されるようになる。さらに，国・都道府県の水道行政と，水道事業者の役割と責務を明確にし，広域化や資産管理，官民連携の推進を柱として，水道事業の経営基盤を強化することが書かれている。このように，今回の水道法改正は，これまでの水道施設の整備と普及から，人口減少の時代に合わせた法体系へと大きく舵を切るもので，これにより水道事業の経営基盤を強化することを目的としている。

　平成29（2017）年3月に閣議決定された水道法改正案の要点は以下のとおりである。

①水道法の目的
　第1条（この法律の目的）において，「水道を計画的に整備し，及び水道事業を保護育成」することによって，正常にして低廉豊富な水の供給を図ることから，「水道の基盤を強化する」ことに改正する。

②水道の基盤の強化
　「広域的水道整備計画」を，「水道基盤強化計画」とし，同計画には，水道の基盤の強化に関する基本的事項のほか，都道府県及び市町村による水道事業斜塔の連携等の推進に関する事柄も記載することとする。

③水道料金
　供給規定において，「料金が能率的な経営の元における適正な原価に照らし公正妥当なものである」とする部分を，「健全な経営を確保することができる」と改正する。

④水道台帳
　台帳の整備を義務化する。

⑤水道施設の計画的な更新

　水道施設の更新に要する費用を含むその事業に係る収支の見通し（アセットマネジメント）を作成し，これを公表するように努めなければならない。

⑥水道施設運営権の設定の許可

　水道施設運営件を設定しようとするときは，あらかじめ，厚生労働大臣の許可を受けていなければならず，また，水道施設運営権を有する者が水道事業の認可を受けることを要しないことを規定している。

　このように水道法改正案は，水道事業の経営基盤を強化し，持続的な水道事業を確立するために重要な法案であり，1日も早い法改正が望まれている。

2.4.2　今後の方向性

　平成29年9月の衆議院解散に伴い，水道法改正案は廃案となった。このため，水道法改正については，国会に再上程し成立を目指すことになる。

　また総務省は，平成26年8月に「公営企業の経営に当たっての留意事項について」を発出し，料金収入による独立採算を基本原則として，住民に必要なサービスを提供することを目的とした公営企業が，将来にわたりサービスを継続するために，経営戦略を策定し，経営基盤の強化と財政マネジメントの向上に取り組むことを求めている。計画期間は10年以上とし，投資計画と財政計画を策定することが含まれている。このうち，投資計画については，施設・設備の現状把握・分析のもとに，必要なサービスを維持するために必要な投資資産の目標を設定し，将来必要となる投資の規模を把握すること，としている。また，投資の合理化については，施設・設備の規模や配置の適正化，維持管理経費の効率化につながるような投資を求めている。そのための手法としては，施設・設備の統廃合や，性能の合理化，長寿命化，新たな技術や民間の資金・技術の導入などを例示している。各水道事業体は，経営戦略の策定を進めており，これにより長期的な視点からの事業経営に転換するものと記載されている。

　水道事業の課題はさらに深刻となっており，広域化や公民連携に向けた取り組みは各地で進められている。しかし，水道事業体間の施設や料金水準の格差や，将来構想の違いなどが障害となり，自発的な広域化に向けた協議は停滞を余儀なくされている。水道法の改正は，このような停滞を脱して，持続可能な

水道事業へと進化する契機となることが期待されている。

3 下水道事業

3.1 下水道事業の課題と新下水道ビジョン

　下水道事業は，都市人口の増加とともにし尿の適切な処理の必要性が高まり，さらに水道の普及とともにトイレの水洗化とへの要望が増大することで発展してきた。普及拡大を続けてきた下水道事業の役割を見直し，新たな方向性を示すきっかけとなったのは，下水道ビジョン2100（平成17（2005）年9月策定）と下水道中期ビジョン（平成19（2007）年6月策定）であり，「循環のみち下水道」を掲げて，下水道の役割を従来の「排除・処理」から「活用・再生」へと転換を図った。もともと汚水の排除・処理から始まった下水道の役割は，その後，公共用水域の水質保全や，雨水排除による洪水対策などへと拡充し，「循環のみち下水道」では，水と資源を循環し再利用する方向性を示した。その後，人口減少ならびに節水型社会への転換による使用料収入の減少や，大規模災害対応，施設の老朽化など，上水道事業と共通する課題に直面し，平成26（2014）年7月に新たに「新下水道ビジョン」を策定した。新下水道ビジョンでは，下水道ビジョンで掲げた「循環のみち下水道」が成熟化し，これまでの下水道の役割を持続的に維持するともに，新しい技術の採用や汚水処理の最適化など下水道の進化を目指すべきだとしている。また，ヒト・モノ・カネを持続可能な一体管理（アセットマネジメント）や，大規模災害時のクライシスマネジメントを確立する必要があるとしている。

3.2 下水道法の改正

　このような背景のもとで，下水道法の改正は，「水防法等の一部を改正する計画」として平成27（2015）年5月に成立し，同年に施行された。具体的には，近年多発する都市型の水害に対応するため，洪水による浸水想定区域について，想定しうる最大規模の降雨を前提とした区域に拡充するとともに，新たに，内水および高潮に係る浸水想定区域を設けることとしている。また，比較的発生頻度が高い内水に対応するため，官民連携による浸水対策を推進し，下水道の

みでは浸水被害への対応が困難な地域では，「浸水被害対策区域」を指定し，民間の設置する雨水貯留施設を下水道管理者が協定に基づいて管理する制度を創設するとしている。さらに，雨水排除に特化した公共下水道を導入することを可能としている。

下水道施設の維持・修繕に関しては，下水道管渠の腐食などによる道路陥没が国内で年に約4,000件発生していることに対応して，下水道の維持修繕基準を設けるとともに，事業計画に点検の頻度と方法を記載することとしている。特に下水の貯留その他の原因により，腐食性するおそれが高いものとして国土交通省令で定める排水施設の点検は，5年に1回以上の適切な頻度で行うこととしている。また，点検により下水道施設の損傷等を感知した場合は，効率的な維持および修繕が行われるように，速やかに必要な措置を講じることとしている。

また，下水道の技術職員が，平成14（2002）年から24（2012）年の10年間で約2割減少していることから，地方公共団体の実情に合わせた下水道事業の執行体制を選べるようにするため，協議会制度を設けて下水道事業の広域化・共同化を促すとともに，下水道事業団による支援策を充実させることとしている。特に高度な技術力を要する管渠の更新や管渠の維持管理を下水道事業団が代行したり，地方公共団体の要請に基づき，地方公共団体の権限の一部を代行することができるものとしている。これらの施策に加えて，平成28年度からは「下水道全国データベース」を日本下水道協会が運用し，下水道統計等のデータを系統的に運用・分析が可能になるようにしている。また，下水道における新たなPPP/PFI事業の促進に向けた検討会を実施している。

3.3 今後の方向性

下水道事業を取り巻く環境は，水道事業と同様に，人口減少や節水型社会の到来，施設の老朽化などさまざまな問題に直面している。さらに，近い将来には下水道事業における国の予算が減額されることがあると，下水道事業の経営は極めて厳しいものとなる。そのため，下水道事業はできるだけ企業債残高を減らし，老朽化した施設を重点的に更新するなど，将来の経営環境の変化に備えた事業運営が必要となっている。

参考文献

厚生労働省［2013］「新水道ビジョン」。
厚生労働省［2014］「水道事業における広域化事例及び広域化に向けた検討事例集」。
厚生労働省［2009］「水道におけるアセットマネジメント（資産管理）に関する手引き～中長期的な視点に立った水道施設の更新と資金確保の手引き～」。
厚生労働省［2014］「アセットマネジメント「簡易支援ツール」，平成25年7月（平成26年4月改定）」。
国土交通省［2014］「新下水道ビジョン」。
国土交通省［2015］「水防法等の一部を改正する法律」。
国土交通省［2017］「日本の水資源」。
国立社会保障・人口問題研究所［2017］「日本の将来人口推計，平成29年推計」。
総務省［2014］「公営企業の経営に当たっての留意事項について」。

第15章
新たな下水道事業の展開

1 下水道の制度改革の経緯

　第14章でもふれたように，下水道の持つ役割は，当初はし尿の適切な処理といった「排除・処理」にとどまっていた。しかし，歴史的な転換となった下水道ビジョン2100（平成17（2005）年9月策定）および下水道中期ビジョン（平成19（2007）年6月制定）で掲げられた，「循環のみち下水道」により，水質保全などの環境対策および雨水排除による浸水対策などといった下水道の公共インフラとしての重要性が，より明確に確認されることになった。ここでは，「排除・処理」にとどまるのではなく，水と資源の循環のための「再利用」という，より環境保全的な役割も認識されるようになったのである。

　これにとどまらず，人口減少および節水型社会の転換による収入の減少や，大規模災害，施設の老朽化など，社会情勢の変化およびマクロ指標の変化に伴い，上に挙げた下水道の役割を持続可能な形で実現していくために平成26（2014）年度7月に新たに「新下水道ビジョン」が制定されることとなった。これは新技術の採用や汚水処理などの最適化といったように，下水道にイノベーションを促す内容となっており，そこではアセットマネジメントやクライシスマネジメントの確立など，より具体的なアプローチの必要性が強調されている。

　こうした，一連の取り組みの流れの中で，下水道法等の改正が平成27（2015）年5月に成立した。そして，新下水道ビジョンの実現加速の観点から平成29（2017）年8月に今後国が5年程度で進めるべき施策として「新下水道ビジョン加速戦略」が制定された。本章では，この「下水道法等の改正」と「新下水

道ビジョン加速戦略」についての枠組みと、それが持つ意義について論じていく。

2 下水道法等の改正とその意義

下水道法は、「都市の健全な発達」と「公衆衛生の向上」を目的として昭和33（1958）年に制定され、昭和45（1970）年には「公共用水域の水質保全」が目的に追加され事業が行われてきた。そして、大きな改正が平成27（2015）年5月に成立し、同年に施行された。この改正は44年ぶりの大改正である。

また、下水道による内水対策の強化のため、水防法も改正された。

2.1 内水対策の強化

2.1.1 水防法改正

近年多発する都市型の水害に対応するため、これまでの「洪水」による浸水想定区域に加えて新たに、「内水」に係る浸水想定区域を設けた。具体的には、下水道管理者は、内水浸水により相当な損害を生じるおそれがあるとして指定した下水道の排水施設等について、災害の発生を特に警戒すべき水位を定め、水位がこれに達したときは、その旨を直ちに水防管理者に通知すること等が定められた。また、指定した下水道の排水施設等については、内水浸水時に被害の軽減を図るため、想定しうる最大規模の降雨により浸水が想定される区域について浸水深等を含めて「浸水想定区域」として指定し、公表することとした。

2.1.2 下水道法改正

内水対策の強化のため、下水道法改正においては、2つの大きな改正をした。まずは、「雨水公共下水道」の創設である。人口減少下での都道府県構想の見直しの中で、これまでは下水道エリアになっていたものが、合併浄化槽エリアに変更される場合があるが、地域によっては浸水被害の実績があり、下水道による雨水対策が必要なところがある。そのような場合に、汚水は対象とせずに雨水整備のみを行う下水道を「雨水公共下水道」として創設した。高知県いの町等で事業が行われている。

そして、もう1つの改正が、「浸水被害対策区域制度」である。本制度は、

排水区域のうち，都市機能が相当程度集積し，著しい浸水被害が発生するおそれがある区域で，地下構造物が輻輳して貯留管の設置が困難であるなど土地利用状況からみて，公共下水道の整備のみによっては浸水被害の防止が困難な区域を「浸水被害対策区域」として公共下水道管理者が条例で指定し，その区域内では管理協定により，民間が再開発等で設置した雨水貯留施設について公共下水道管理者が管理を行うことができることとした。本制度は，横浜駅西口の大規模再開発地区や藤沢市の病院の設置に併せて導入された。さらに，同区域では，必要最低限の範囲であれば雨水貯留施設の設置を土地所有者に義務づけることができる。下水道による浸水対策を「まちづくり」と融合させる制度としても意義がある。

2.2 老朽化対策

下水道施設の維持・修繕について，下水道管渠の腐食などによる道路陥没の発生が国内で年に約4,000件報告されている。これに対応するため，下水道の

図表15－1 老朽化対策の推進に関する諸データ

- 布設後50年を経過する下水管は，平成27年度末で約1.3万km，20年後には約13万kmに増加。
- 機械・電気設備が更新対象となる処理場は，今後も着実に増加。

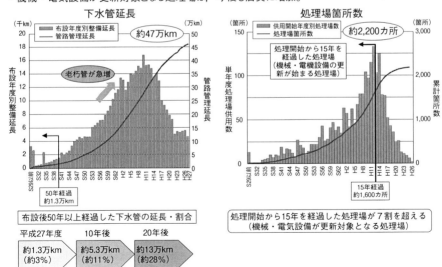

（出所）国土交通省資料。

維持修繕基準を設けるとともに，あらかじめ下水道法に基づく事業計画に点検の頻度と方法を記載することとしている。特に下水の滞留などの原因により腐食するおそれが高い箇所は，国土交通省令で5年に1回以上の適切な頻度で行うことを定めている。また，点検により下水道施設の損傷等を把握した場合は，効率的な維持および修繕が行われるように，速やかに必要な措置を講じることとしている。

2.3 広域化・共同化等の推進

人口減少下において下水道事業の広域化・共同化を推進することは，効率的な事業運営に不可欠となっている。さらに，下水道の技術職員は，平成14（2002）年から平成24（2012）年の10年間で約2割減少している。このことから複数の地方公共団体が一体となり，その実情に合わせて下水道事業の広域化・共同化を検討するための「協議会制度」を下水道法に設けて，複数処理場の汚泥の共同処理等のハード対策およびICTによる一体的管理等のソフト対策の検討を促すこととした。大阪府内の4市町村，埼玉県等で協議会が設置されている。

また，日本下水道事業団法を改正し，日本下水道事業団による支援策を充実させた。これまでは処理場と幹線管路だけであった受託業務を，雨水管路の整備や特に高度な技術力を要する管渠の更新，管渠の維持管理まで受託できることとした。さらに，建設事業の受託業務において，これまでは自治体が自ら実施していた国への補助金申請や工事の際の道路占用許可申請等まで日本下水道事業団が代行できることとした。

2.4 下水道資源利用の推進

下水汚泥や下水熱の利用促進に向けても下水道法の改正が行われた。下水汚泥については，下水道管理者に対して，減量化のみが努力義務として規定されていたが，原則として，エネルギーまたは肥料として再利用する努力義務が追加された。

下水熱については，下水道法上，下水管内の利用については，光ファイバーの設置など極めて限定的に利用が認められていたが，経済的にも採算がとれる熱交換器の開発が進められてきたことから，一定の条件を満たせば，管路の中

第15章 新たな下水道事業の展開 243

図表15-2 下水道法改正の概要

(出所) 国土交通省提供資料。

に，熱交換器が設置できるよう規制緩和され長野県小諸市で導入された。

2.5 流域別下水道整備総合計画の省令改正

下水道整備は，環境基準達成を目的として都道府県知事が策定する流域別下水道整備総合計画に基づき20～30年間にわたり長期的に行われるが，今回の下水道法の省令改正ではこれに加えて，概ね10年間の中期的な整備方針を明記することとして，運転条件の見直し等による段階的な高度処理等を明確化できることとした。

3　新下水道ビジョン加速戦略の策定

　平成29（2017）年8月，国土交通省は新下水道ビジョンの実現加速の観点から選択と集中により国が今後5年程度で進めるべき施策をとりまとめた「新下水道ビジョン加速戦略（以下，加速戦略という）」を策定した。

　新下水道ビジョンの公表（平成26（2014）年7月）以降も人口減少等に伴う厳しい経営環境，執行体制の脆弱化，施設の老朽化など新下水道ビジョン策定時に掲げた課題はより深刻度を増している。こうしたなか，厳しい財政状況の下での効果的・効率的なインフラ整備・運営を可能とする手法として，下水道分野においてもコンセッションをはじめとするPPP/PFIに注目が集まっている。また，アジアを中心とした海外水ビジネス市場の拡大や国土交通省生産性革命プロジェクトに位置付けられた「下水道イノベーション〜"日本産資源"創出戦略〜」の公表（平成29年1月）など，国内外で新たな動きが出ている。

　加速戦略はこのような新下水道ビジョン策定以降の社会情勢の変化等を踏まえつつ，新下水道ビジョン加速戦略検討会における国土交通省の若手・中堅職員と有識者との議論を通じとりまとめたものであり，国の優先課題である8つの重点項目と，これに関係する基本的施策により構成されている。8つの重点項目の取り組みの方向性について以下に記す。

4 加速すべき重点項目

重点項目Ⅰ：官民連携の推進

民間企業のノウハウや創意工夫を活用し，下水道事業の持続的な事業運営に資する官民連携を推進する。

図表15－3 下水道事業の官民連携と民間活用

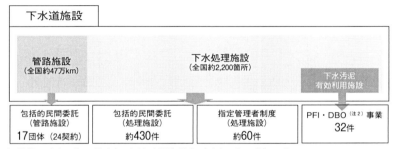

（注1）件数は平成29年4月時点，国土交通省調査（平成30年1月）による。
（注2）DBO…Design Built Operateの略。設計・施工・管理一括発注。
（出所）国土交通省資料。

重点項目Ⅱ：下水道の活用による付加価値向上

下水道の有する管渠・処理場等のストックや処理水・汚泥等の資源を効果的に活用することで今後の住民ニーズに対応し，生活者の利便性や地域経済に貢献する。

図表15－4 管渠・処理場等のストックや処理水・汚泥等の資源を効果的に活用

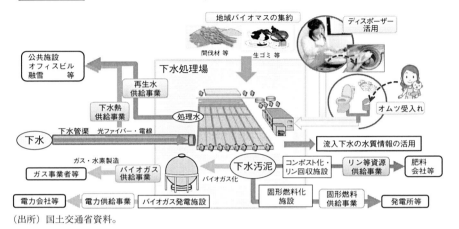

(出所）国土交通省資料。

重点項目Ⅲ：汚水処理システムの最適化

　地域の実情に応じた最適な汚水処理手法を明確化したうえで，人口減少により発生する既存ストックの余裕能力の活用によるスケールメリットを活かした効率的な事業運営に向け，最適な施設規模や執行体制を構築する。

図表15－5　施設の統廃合の例

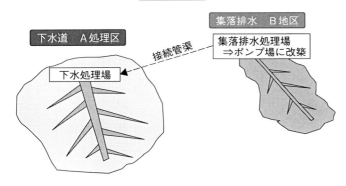

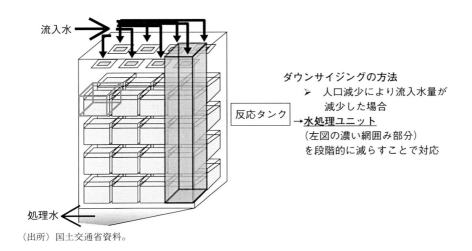

（出所）国土交通省資料。

重点項目Ⅳ：マネジメントサイクルの確立

　今後増大する処理場等の改築時点においては，処理場ごとの特性を反映する新設時からの維持管理データが蓄積していることから"維持管理を起点とした"マネジメントサイクルの構築によるオーダーメイドの適切な施設管理を促進する。

図表15－6　マネジメントサイクルの構築イメージ

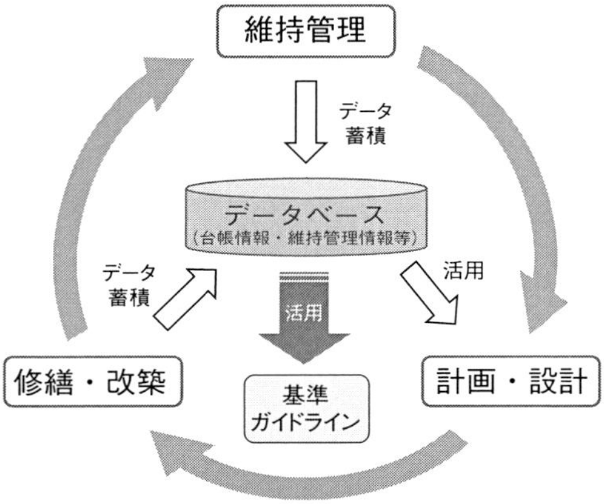

（出所）国土交通省資料。

重点項目Ⅴ：水インフラ輸出の促進

　拡大する世界の水市場獲得に向け，国内・国外一体となった戦略の下で推進体制の強化を図りつつ，効果的なマーケット拡大・案件形成の加速を推進する。

重点項目Ⅵ：防災・減災の推進

局地化，集中化，激甚化する降雨や想定される大規模地震に対応するため，被害の最小化と迅速な復旧の実現等，必要な防災・減災対策を推進する。

図表15－7 住民・事業者等からの浸水情報収集とその活用

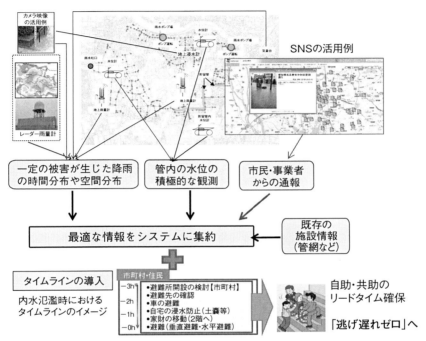

（出所）国土交通省資料。

重点項目Ⅶ：ニーズに適合した下水道産業の育成

コンセッションや海外における事業受注等の受け皿となる民間企業の育成に向け，PPP/PFI等を通じた民間企業の下水道事業運営ノウハウの蓄積を図るとともに，労働生産性向上，必要な技術者等人材の確保・育成に向けた施策を推進する。

重点項目Ⅷ：国民への発信

　地方公共団体や民間企業等と連携しながら，国民の関心レベルに応じた段階的な情報の発信を進めるとともに，広報効果を評価・把握し，広報活動のレベルアップへ活用する。

写真15－1　下水道広報プラットホームの活動
（左：ミス日本「水の天使」の活動，右：マンホールカード）

（出所）下水道広報プラットフォーム（GKP）提供資料。

5　重点項目のスパイラルアップ

　上に挙げた重点項目の各施策については「下水道事業の広域化を通じたコンセッション等，官民連携が進みやすい基盤の整備」，「海外で培った技術・ノウハウの国内外への還元」などが相互に関連し合っている。そのため施策の実施については，各施策を個別に実施するというのではなく，施策間の連携によりそれぞれの効果を高めていく観点が重要である。

　国土交通省では加速戦略に掲げた施策のスピーディーかつ着実な実践により下水道事業の持続性を確保するとともに，適切な情報発信を通じ，国民の理解を広げ，深めていくこととしている。さらに，これらの取り組みを通じて関連する市場の維持・拡大を図るとともに，新たなビジネスモデルに対応しうる企業を育成し，より生産性の高い産業への転換を促進し，新たな施策の展開へとつなげていくこととしている。このように加速戦略では関連施策の総力によりこのような好循環のサイクル，いわば「スパイラルアップ」を形成し，それぞ

れの施策の効果をさらに高めていくこととしている。

図表15−9 新下水道ビジョン加速戦略の策定（平成29年8月）

各施策の連携と『実践』、『発信』を通じ、産業の活性化、国民生活の安定、向上につなげる<u>スパイラルアップ</u>を形成

◎：直ちに着手する新規施策
○：逐次着手する新規施策
◇：強化・推進すべき継続施策

―新たに推進すべき項目―

**重点項目Ⅰ
官民連携の推進**
◇トップセールス
◎リスク分担や地方公共団体の関与のあり方の整理
◎上水道等、他のインフラとの連携の促進

**重点項目Ⅱ
下水道の活用による
付加価値向上**
○ディスポーザーの活用及びオムツの受入れ可能性検討
◎処理場等の地域バイオマスステーション化
○BISTRO下水道の優良取組み等の発信、農業関係者との連携促進

―取組みを加速すべき項目―

**重点項目Ⅲ
汚水処理システムの最適化**
◎広域化目標の設定、重点支援
◎複数施設の集中管理のためのICT活用促進
◎広域化等を促進する新たな流総計画制度
◇複数市町村による維持管理等の一括発注推進

**重点項目Ⅳ
マネジメントサイクルの確立**
◎維持管理起点のマネジメントサイクルの標準化
◎維持管理情報の分析、点検等の具体的基準等策定
◎PPP/PFI、広域化等を通じたコスト縮減、受益者負担の原則に基づく適切な使用料設定
○下水道の公共的役割、国の責務等を踏まえた財政支援のあり方の整理

**重点項目Ⅴ
水インフラ輸出の促進**
◎日本下水道事業団の国際業務の拡充検討
◎本邦技術の海外実証、現地基準組入れ
◎浄化槽等、関連分野とパッケージ化した案件提案

**重点項目Ⅵ
防災・減災の推進**
◎SNS、防犯カメラ等を活用した浸水情報の収集及び水位周知の仕組みの導入
◎まちづくりと連携した効率的な浸水対策
◎施設の耐震化・耐津波化の推進
◇下水道BCP（業務改善計画）の見直し

官民連携、ストックマネジメント、水インフラ輸出等、各施策のさらなる拡大

↑ **より生産性の高い
産業へと転換**

**重点項目Ⅶ
ニーズに適合した下水道
産業の育成**
○民間企業の事業参画判断に資する情報提供
○適切なPPP/PFIスキームの提案
○ICT等労働生産性向上に資する技術開発

新下水道ビジョンの実現加速
国民生活の安定、向上へ

関連施策の総力による
下水道のスパイラルアップ

下水道産業を活性化

国民理解による
各施策の円滑な推進

**重点項目Ⅷ
国民への発信**
◇下水道の戦略的広報の実施
◎学校の先生等、キーパーソンを通じた下水道の価値の発信
◎広報効果の評価と活動のレベルアップ

下水道事業の持続性確保
海外案件の受注拡大
民間投資の誘発

← 関連市場の
維持・拡大 →

（出所）国土交通省資料。

6　おわりに：成長から多様化へ

　汚水対策の普及率を早く引き上げるため全国標準を急速に普及拡大させる「成長」する下水道が成熟しつつあり，システムとして持続していくためには，エネルギー・農業・豪雨対策・地域産業との連携等，今後は幅広く地域貢献できる「多様化」した下水道に転換しイノベーションを興していく必要がある。
　そのため，これからの下水道関係者は，下水道分野を超えて，あらゆる分野との「交差点」に積極的に足を踏み入れていく必要がある。

参考文献
国土交通省［2014］「新下水道ビジョン」。
国土交通省［2015］「水防法等の一部を改正する法律」。
下水道法令研究会［2016］『逐条解説 下水道法〈第四次改訂版〉』ぎょうせい。
国土交通省［2017］「新下水道ビジョン加速戦略」。

索　引

■英　数

5フォース分析……………………143
BISTRO下水道……………………179
BOO………………………………72
BOT………………………………72
BTO………………………………72
DWI（Drinking Water Inspectorate：
　水質管理機関）…………………132
EA（Environment Agency：
　環境監視機関）…………………132
IoT化………………………………149
LCC（Life Cycle Cost）……………152
OFWAT（The Water Services
　Regulation Authority：
　経営監視機関）…………………132
PEST分析…………………………143
VFM………………………………93

■あ　行

アセット・マネジメント
　（資産管理）………………………65
アフェルマージュ…………………103
雨水公共下水道……………………240
雨水公費，汚水私費…………………17
安全…………………………………231
イノベーター………………………188
インフラファンド…………………127
公の施設……………………………72

■か　行

会計統制……………………………52
会計年度独立の原則………………56
完全な資産分割・売却
　（full divestiture）………………103
カンボジア王国鉱工業エネルギー省
　（現工業手工芸省）………………161
カンボジア王国プノンペン水道公社
　（PPWSA）………………………159
管理の一体化………………………215
管路外設置型熱回収技術…………197
管路内設置型熱回収技術…………197
管路の更新率………………………229
規模の経済性………………………38
強靱…………………………………231
協同事業（JV形式）………………138
近代水道……………………………21
経営の一体化………………………215
経済的規制…………………………21
下水水質情報………………………179
下水道………………………………9
下水道システム……………………13
下水道中期ビジョン………………239
下水道ビジョン2100………………239
下水道分野に関する国際標準化…165
下水道利用料金……………………91
下水熱………………………………195
限界費用価格形成原理……………110
限界費用曲線（MC）………………41
広域水道圏…………………………208
広域的官民水道事業体……………147
広域的水道整備計画………………208
公営企業債…………………………127
「公営」対「民営」論争……………21
公共施設等運営権者………………87
公共用水域の水質の保全…………12
構造分離……………………………37
合弁事業契約（joint venture contract）
　……………………………………103
国際金融公社（IFC）………………136
国連持続可能な開発サミット……162

国連ミレニアム開発目標（MDGs）…157
コンセッション……………………85
コンソーシアム……………………92

■さ　行

サービス契約（service contract）……101
財産権…………………………………88
最小二乗法（OLS）…………………41
再生可能エネルギー………………195
最適規模………………………………41
残余コントロール権………………106
市場に向けた競争
　（Competition for Market）……105
持続…………………………………231
持続可能な開発目標
　（SDGs：Sustainable Development
　Goals）…………………………162
市町村公営原則………………………24
社会的規制……………………………21
循環型社会…………………………185
循環のみち下水道…………………239
初期活動者（アーリー・アダプター：
　Early adapter）…………………188
新下水道ビジョン…………………239
新下水道ビジョン加速戦略………239
新公営企業会計基準…………………60
新水道ビジョン……………………215
浸水の防除（雨水の排除）…………12
浸水被害対策区域制度……………240
垂直統合の経済性……………………39
水道……………………………………1
水道行政三分割………………………26
水道コンセッション
　（公共施設等運営権）……………21
水道事業ビジョン…………………217
水道システム…………………………6
水道整備基本構想…………………209
水道台帳……………………………234
水道の広域化………………………207

水道の3原則…………………………3
水道ビジョン………………………211
水道普及率…………………………226
水道料金………………………………5
ステップインライト（介入権）……150
スパイラルアップ…………………250
スマートシティ構想………………204
成果主義契約
　（performance based contract）……108
生活環境の改善
　（汚水の排除・処理）……………12
清浄にして豊富低廉…………………3
政府開発援助（ODA）……………158
接続義務（利用強制）………………31
線形計画法……………………………79
総括原価方式…………………………53
総計予算主義の原則…………………56

■た　行

第3条予算……………………………57
第4条予算……………………………57
第三者委託……………………………29
耐震化率……………………………228
堆肥化事業…………………………181
多数派（アーリー・マジョリティ：
　Early majority）…………………188
多数派（レイト・マジョリティ：
　Late majority）……………………188
段階的イノベーション普及理論……187
断水…………………………………228
地域水道ビジョン…………………217
地域の電力供給（FIT活用など）事業
　………………………………………179
地方公営企業会計……………………51
データ包絡分析………………………69
等生産量曲線…………………………77
独立採算制……………………………17
都市排熱……………………………196
土地の清潔……………………………30

都道府県水道ビジョン……………………217

■な　行

ナショナルミニマム……………………208
熱交換器…………………………………195
ネットワーク産業…………………………37
ノンリコースローン……………………150

■は　行

バイオマス………………………………179
バイナリー発電システム………………201
範囲の経済性………………………………38
費用関数……………………………………39
費用の補完性………………………………45
附帯する事業……………………………156
フランチャイズ・ビッディング………105
平均費用価格形成原理…………………110
平均費用曲線（AC）……………………41
ベトナム国建設省………………………172
補塡財源制…………………………………58

■ま　行

マニラ首都圏上下水道サービス
　（Manila Metropolitan Waterworks
　and Sewerage Services：MWSS）
　………………………………………135

マネジメント契約
　（management contract）…………102
マネジメントサイクル…………………248
水熱源ヒートポンプ……………………198
民間資金等の活用による公共施設等の
　整備等の促進に関する法律……………87
無関心で懐疑的な人々（ラガード：
　Laggard）……………………………188
モニタリング………………………………96

■や　行

ユングのタイプ論………………………188
良き国際慣行
　（good international practices）……106

■ら　行

リース契約（lease contract）…………102
流域管理局
　（Regional Water Authority）………132
利用料金設定割合…………………………94
老朽化率…………………………………229

■執筆者紹介（執筆順）

若松　亨二（わかまつ　こうじ）　　　　　　　　　　　　　　第1章
㈱日水コン　事業統括本部水道事業部副事業部長

大住　英俊（おおすみ　ひでとし）　　　　　　　　　　　　　第1章
㈱日水コン　営業本部営業企画部部長

佐藤　裕弥（さとう　ゆうや）　　　　　　　　　　　　第2,4,10章
編著者紹介参照

浦上　拓也（うらかみ　たくや）　　　　　　　　　　　　　　第3章
近畿大学経営学部教授，博士（経営学）

池田　昭義（いけだ　あきよし）　　　　　　　　　　　　　　第4章
総務省自治大学校客員教授

吉本　尚史（よしもと　なおふみ）　　　　　　　　　　　第5,15章
早稲田大学研究院客員講師

福田　健一郎（ふくだ　けんいちろう）　　　　　　　　　　　第6章
新日本有限責任監査法人　インフラストラクチャー・アドバイザリーグループ
シニアマネージャー

山本　哲三（やまもと　てつぞう）　　　　　　　　　　　　　第7章
編著者紹介参照

石田　哲也（いしだ　てつや）　　　　　　　　　　　　　　　第8章
早稲田大学研究院総合研究機構水循環システム研究所招聘研究員

松延　紀至（まつのぶ　のりゆき）　　　　　　　　　　　　　第9章
水ing㈱　総合水事業本部PPP事業統括PPPプロジェクト部部長

椙　　道夫（すぎ　みちお）　　　　　　　　　　　　　　　　第9章
水ing㈱ 総合水事業本部PPP事業統括PPPプロジェクト部担当部長

加藤　裕之（かとう　ひろゆき）　　　　　　　　　　　　　第10，11，15章
東北大学未来科学技術共同研究センター特任教授，博士（環境科学）

碇　　　智（いかり　さとし）　　　　　　　　　　　　　　　　第11章
㈱日水コン 取締役常務執行役員中央研究所所長

勝田　正文（かつた　まさふみ）　　　　　　　　　　　　　　　第12章
早稲田大学理工学術院教授，工学博士

日置　潤一（ひおき　じゅんいち）　　　　　　　　　　　　　　第13章
厚生労働省 医薬・生活衛生局水道課水道計画指導室長

滝沢　　智（たきざわ　さとし）　　　　　　　　　　　　　　　第14章
東京大学大学院工学系研究科教授，工学博士

■編著者紹介

山本　哲三（やまもと　てつぞう）

早稲田大学商学学術院名誉教授，経済学博士
早稲田大学研究院総合研究機構水循環システム研究所顧問
1970年　早稲田大学第一商学部卒業
1974年　北海道大学大学院経済学研究科博士課程中退

公共交通（鉄道）や，情報通信（ICT），公共料金等の規制緩和・民営化に関連する各種審議会・委員会の委員等を歴任。水道事業の持続可能性と産業の成長可能性を探る目的で，早稲田大学研究院総合研究機構水循環システム研究所を創設した（創設時の所長）。
【主要著書】
『ネットワーク産業の規制改革』（編著）日本評論社，2001年。
『規制改革の経済学』文眞堂，2003年。
『成長の持続可能性―2015年の日本経済』（共編著）東洋経済新報社，2005年。
『規制影響分析（RIA）入門―制度・理論・ケーススタディ』（編著）NTT出版，2009年。
『公共政策のフロンティア』（編著）成文堂，2017年。
『オークション理論―単一財競売メカニズムの数学的解明』（訳書）中央経済社，2018年。

佐藤　裕弥（さとう　ゆうや）

早稲田大学研究院准教授
早稲田大学研究院総合研究機構水循環システム研究所主任研究員
1987年　早稲田大学社会科学部卒業
1996年　法政大学大学院社会科学研究科経営学専攻修了

株式会社浜銀総合研究所のシニア・フェローとして，長年にわたり，わが国の上下水道事業の調査・分析を担当し，現在，厚生労働省や国土交通省などが設置している各種上下水道関連の委員会・勉強会の委員，法政大学大学院客員教授を務めている。
【主要業績】
『地方自治法と自治行政』（共著）成文堂，2005年。
『新地方公営企業会計制度はやわかりガイド』ぎょうせい，2012年。

新しい上下水道事業
再構築と産業化

| 2018年7月5日 | 第1版第1刷発行 |
| 2018年10月20日 | 第1版第3刷発行 |

編著者　山　本　哲　三
　　　　佐　藤　裕　弥
発行者　山　本　　　継
発行所　㈱中央経済社
発売元　㈱中央経済グループ
　　　　パブリッシング

〒101-0051　東京都千代田区神田神保町1-31-2
電　話　03（3293）3371（編集代表）
　　　　03（3293）3381（営業代表）
http://www.chuokeizai.co.jp/
製版／三英グラフィック・アーツ㈱
印刷／三　英　印　刷　㈱
製本／㈲井　上　製　本　所

© 2018
Printed in Japan

＊頁の「欠落」や「順序違い」などがありましたらお取り替えいた
しますので発売元までご送付ください。（送料小社負担）
ISBN978-4-502-27041-3　C3033

JCOPY〈出版者著作権管理機構委託出版物〉本書を無断で複写複製（コピー）することは，
著作権法上の例外を除き，禁じられています。本書をコピーされる場合は事前に出版者
著作権管理機構（JCOPY）の許諾を受けてください。
JCOPY〈http://www.jcopy.or.jp　eメール：info@jcopy.or.jp　電話：03-3513-6969〉

ベーシック＋プラス
Basic Plus

ミクロ経済学の基礎 ／ マクロ経済学の基礎 ／ 経営学入門 ／ 経営管理論

財政学 ／ 公共経済学 ／ 企業統治 ／ 技術経営

金融論 ／ 金融政策 ／ 人的資源管理 ／ 国際人的資源管理

日本経済論 ／ 地域政策 ／ 消費者行動論 ／ 物流論

いま新しい時代を切り開く基礎力と応用力を
兼ね備えた人材が求められています。
このシリーズは，各学問分野の基本的な知識や
標準的な考え方を学ぶことにプラスして，
一人ひとりが主体的に思考し，行動できるような
「学び」をサポートしています。

中央経済社

Let's START!
学びにプラス！
成長にプラス！
ベーシック＋で
はじめよう！